风力发电职业技能鉴定教材

风力发电机组电气装调工——初 级

《风力发电职业技能鉴定教材》编写委员会　组织编写

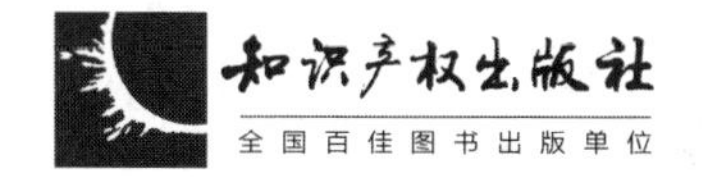

图书在版编目（CIP）数据

风力发电机组电气装调工：初级 /《风力发电职业技能鉴定教材》编写委员会组织编写.—北京：知识产权出版社，2016.3

风力发电职业技能鉴定教材

ISBN 978-7-5130-3907-9

Ⅰ.①风… Ⅱ.①风… Ⅲ.①风力发电机—发电机组—电气设备—装配（机械）②风力发电机—发电机组—电气设备—调试方法 Ⅳ.①TM315

中国版本图书馆 CIP 数据核字（2015）第 273069 号

内容提要

本书主要介绍电缆准备与电气连接、发电机装配、电源变流器装配、偏航、变桨系统、装配、冷却控制系统装配，以及风电机组厂内调试前准备等基础内容；同时，还介绍了电气的基本原理，元器件设备及电缆的基本知识。

本书的特点是从风电专业出发，论述了风电机组中主要电气部件和基本的电气原理，体现了电气在风电行业中的应用。

本书可以作为风电行业从业人员及相关工程技术人员参考用书使用。

策划编辑：刘晓庆

责任编辑：刘晓庆　于晓菲　　　　**责任出版**：孙婷婷

风力发电职业技能鉴定教材

风力发电机组电气装调工——初级

FENGLI FADIAN JIZU DIANQI ZHUANGTIAOGONG——CHUJI

《风力发电职业技能鉴定教材》编写委员会　组织编写

出版发行：	知识产权出版社有限责任公司	**网　　址**：	http：//www.ipph.cn
电　　话：	010-82004826		http：//www.laichushu.com
社　　址：	北京市海淀区西外太平庄 55 号	**邮　　编**：	100081
责编电话：	010-82000860 转 8363	**责编邮箱**：	yuxiaofei@cnipr.com
发行电话：	010-82000860 转 8101/8029	**发行传真**：	010-82000893/82003279
印　　刷：	北京嘉恒彩色印刷有限责任公司	**经　　销**：	各大网上书店、新华书店及相关专业书店
开　　本：	787mm×1000mm　1/16	**印　　张**：	11.25
版　　次：	2016 年 3 月第 1 版	**印　　次**：	2016 年 3 月第 1 次印刷
字　　数：	183 千字	**定　　价**：	30.00 元

ISBN 978-7-5130-3907-9

《风力发电职业技能鉴定教材》编写委员会

委员会名单

主　任　武　钢

副主任　郭振岩　方晓燕　李　飞　卢琛钰

委　员　郭丽平　果　岩　庄建新　宁巧珍　王　瑞

潘振云　王　旭　乔　鑫　李永生　于晓飞

王大伟　孙　伟　程　伟　范瑞建　肖明明

本书编写委员　于晓飞　王大伟　李永生

序　言

近年来，我国风力发电产业发展迅速。自2010年年底至今，风力发电总装机容量连续5年位居世界第一，风力发电机组关键技术日趋成熟，风力发电整机制造企业已基本掌握兆瓦级风力发电机组关键技术，形成了覆盖风力发电场勘测、设计、施工、安装、运行、维护、管理，以及风力发电机组研发、制造等方面的全产业链条。目前，风力发电机组研发专业人员、高级管理人员、制造专业人员和高级技工等人才储备不足，尚未能满足我国风力发电产业发展的需求。

对此，中国电器工业协会委托下属风力发电电器设备分会开展了技术创新、质量提升、标准研究、职业培训等方面工作。其中，对于风力发电机组制造工专业人员的培养和鉴定方面，开展了如下工作：

2012年8月起，中国电器工业协会风力发电电器设备分会组织开展风力发电机组制造工领域职业标准、考评大纲、试题库和培训教材等方面的编制工作。

2012年年底，中国电器工业协会风力发电电器设备分会组织风力发电行业相关专家，研究并提出了“风力发电机组电气装调工”“风力发电机组机械装调工”“风力发电机组维修保养工”“风力发电机组叶片成型工”共四个风力发电机组制造工职业工种需求，并将其纳入《中华人民共和国职业分类大典（2015版）》。

2014年12月初，由中国电器工业协会风力发电电器设备分会与金风大学联合承办了“机械行业职业技能鉴定风力发电北京点”，双方联合牵头开展了风力发电机组制造工相关国家职业技能标准的编制工作，并依据标准，组织了本套教材的编制。

希望本教材的出版，能够帮助风力发电制造企业、大专院校等，在培养风力发电机组制造工方面，提供一定的帮助和指导。

中国电器工业协会

前　言

为促进风力发电行业职业技能鉴定点的规范化运作，推动风力发电行业职业培训与职业技能鉴定工作的有效开展，大力培养更多的专业风力发电人才，中国电器工业协会风力发电电器设备分会与金风大学在合作筹建风力发电行业职业技能鉴定点的基础上，共同组织完成了风力发电机组维修保养工、风力发电机组电器装调工和风力发电机组机械装调工，三个工种不同级别的风力发电行业职业技能鉴定系列培训教材。

本套教材是以“以职业活动为导向，以职业技能为核心”为指导思想，突出职业培训特色，以鉴定人员能够“易懂、易学、易用”为基本原则，力求通俗易懂、理论联系实际，体现了实用性和可操作性。在结构上，教材针对风力发电行业三个特有职业领域，分为初级、中级和高级三个级别，按照模块化的方式进行编写。《风力发电机组维修保养工》涵盖风力发电机组维修保养中各种维修工具的辨识、使用方法、风机零部件结构、运行原理、故障检查，故障维修，以及安全事项等内容。《风力发电机组电气装调工》涵盖风力发电机电器装配工具辨识、工具使用方法、偏航变桨系统装配、冷却控制系统装配，以及装配注意事项和安全等内容。《风力发电机组机械装调工》涵盖风力发电机组各机械结构部件的辨识与装配，如机舱、轮毂、变桨系统、传动链、联轴器、制动器、液压站、齿轮箱等部件。每本教材的编写涵盖了风力发电行业相关职业标准的基本要求，各职业技能部分的章对应该职业标准中的“职业功能”，节对应标准中的

“工作内容”，节中阐述的内容对应标准中的“技能要求”和“相关知识”。本套教材既注重理论又充分联系实际，应用了大量真实的操作图片及操作流程案例，方便读者直观学习，快速辨识各个部件，掌握风机相关工种的操作流程及操作方法，解决实际工作中的问题。本套教材可作为风力发电行业相关从业人员参加等级培训、职业技能鉴定使用，也可作为有关技术人员自学的参考用书。

本套教材的编写得到了风力发电行业骨干企业金风科技的大力支持。金风科技内部各相关岗位技术专家承担了整体教材的编写工作，金风科技相关技术专家对全书进行了审阅。中国电器协会风力发电电器设备分会的专家对全书组织了集中审稿，并提供了大量的帮助，知识产权出版社策划编辑对书籍编写、组稿给予了极大的支持。借此一隅，向所有为本书的编写、审核、编辑、出版提供帮助与支持的工作人员表示感谢！

《风力发电机组电气装调工——初级》系本套教材这一。第一章和第二章由于晓飞负责编写，第三章和第四章由王大伟负责编写，第五章和第六章由李永生负责编写。

由于时间仓促，编写过程中难免有疏漏和不足之处，欢迎广大读者和专家提出宝贵意见和建议。

《风力发电职业技能鉴定教材》编写委员会

目　录

第一章　电缆准备与电气连接

学习目的：

1. 能备齐截取电缆的工具及量具。
2. 能备齐制作电缆接头的材料及工具。
3. 学会制作电缆接头。
4. 了解风机内作业的安全事项。
5. 学会使用绑扎带绑扎电缆。

第一节　电缆准备

一、电缆截取工具及量具

电缆的截取是按工艺要求的尺寸将电缆裁剪完成。在线缆的截取制作过程中，要根据线缆型号、工作环境的实际情况选用合适的截取线缆工具。截取的线缆必须达到相应的工艺要求，保证效果美观。在日常工作中，电缆截取常为人工手动制作，但有些全自动的设备也可以做到裁线截取。这里分别对手动截取线缆所用工具及量具和自全动设备的使用维护做简单的介绍。

（一）电缆截取的常用工具

1. 斜嘴钳

斜嘴钳用于切断金属丝，可让使用者获得舒适的抓握剪切角度，见图 1-1。

截取线缆时，常用它切断较细的线缆芯线。

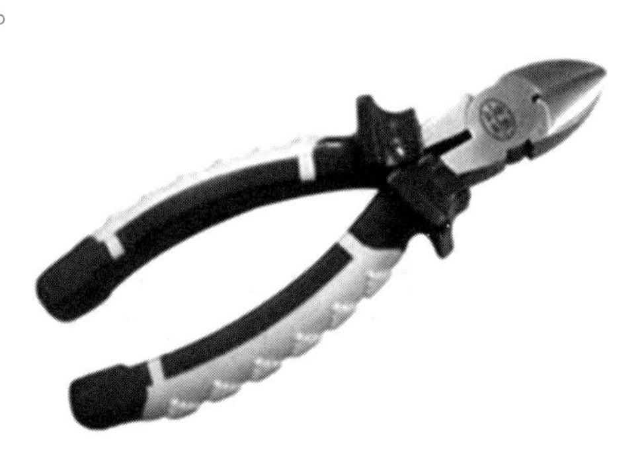

图 1-1　斜嘴钳

使用斜嘴钳时要选择合适的规格。钳头口要不小于工件直径，剪切时应量力而行，不能用来剪切过粗的铜导线、钢丝和钢丝绳。钳头要卡紧工件后再用力扳，防止打滑伤人。用加力杆时长度要适当，不能用力过猛超过管钳允许强度。管钳牙和调节环要保持清洁。

注意事项：

（1）禁止普通钳子带电作业。

（2）剪切紧绷的铜丝或金属，必须做好防护措施，防止被剪断的铜丝弹伤。

（3）不能将钳子作为敲击工具使用。

2. 钢丝钳

钢丝钳用于夹持或弯折薄片形、圆柱形金属零件及切断金属丝，其旁刃口也可用于切断细金属丝。见图 1-2。

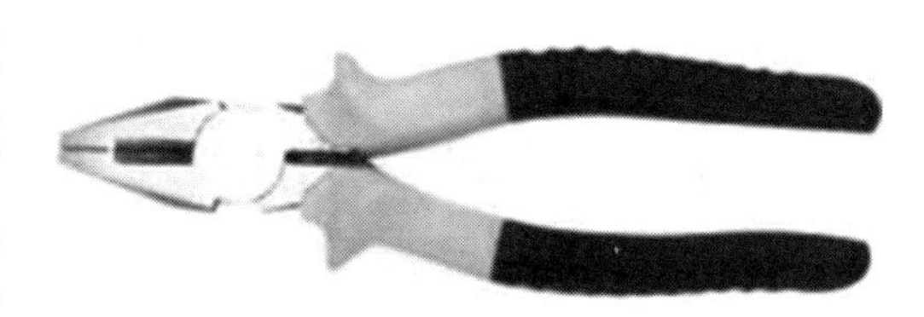

图 1-2　钢丝钳

使用钳子时要量力而行，不可以超负荷地使用。切忌在切不断的情况下扭动钳子，容易崩牙并损坏钳子。无论钢丝还是铁丝或者铜线，只要钳子能留下咬痕，用钳子前口的齿夹紧钢丝，轻轻地上抬或者下压钢丝，就可以掰断钢丝。这样不但省力，而且对钳子没有损坏，可以有效地延长它的使用寿命。另外，钢丝钳分绝缘和不绝缘的，在带电操作时，应该注意区分二者，以免被强电伤到。

注意事项：

（1）在使用钢丝钳过程中，切勿将绝缘手柄碰伤、损伤或烧伤，并且要注意防潮。

（2）为防止生锈，钳轴要经常加油。

（3）带电操作时，手与钢丝钳的金属部分保持 2 cm 以上的距离。

（4）根据不同用途，选用不同规格的钢丝钳。

（5）不能将钳子当榔头使用。

3. 电缆剪

电缆剪是一种专门用于剪切电缆的剪钳，两刃交错，可以开合。电缆剪属于大型剪刀，利用“杠杆原理”及“压强与面积成反比”设计而成。为加强电缆剪的强度和方便性，电缆剪从传统的手动电缆剪发展出棘轮电缆剪，陆续又出现液压电缆剪、电动液压电缆剪和全电动电缆剪。

（1）手动电缆剪，见图 1-3。手动电缆剪与普通的剪刀相似，形状更大，握柄更长（杠杆原理），刀口更坚硬。手动电缆剪能轻松切断小型电缆，对于大型电缆则需要很大的手力。

图 1-3　手动电缆剪

（2）棘轮电缆剪，见图 1-4。棘轮电缆剪包括握柄装置、剪切装置和推进装置。该剪切钳的推进装置是借助两个齿轮传动，以带动活动刀体上的卡齿往前推进，使活动刀体与固定刀体的刀锋部所形成的圆形部渐次缩小，以达到剪切的功效。棘轮电缆剪是一种能够快速对电缆进行剪切的手动工具，因为采用了机械棘轮结构，所以在剪切时更加省力。

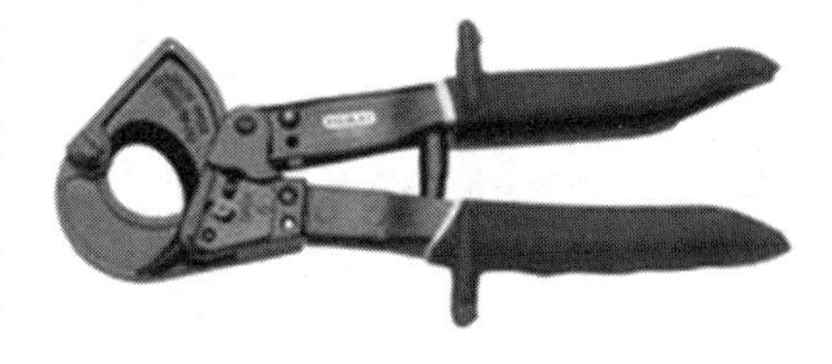

图 1-4　棘轮电缆剪

（3）液压电缆剪。它包括一个夹具，其特征在于，夹具上加工有卡槽、链环槽、动刀导向槽和静刀导向槽。卡槽内卡有带有凸缘的液压缸，液压缸体内有柱塞。动刀的左端通过回程盘与柱塞的右端相连接，然后将液压缸体通过其凸缘卡入夹具的卡槽内。动刀放入夹具的动刀导向槽内，静刀放入夹具的静刀导向槽内。使用时，先将被剪的链环放入链环槽内，再向缸体内注入高压液体。在液压力的作用下，柱塞推动动刀移动，与静刀配合形成剪切力将圆环链剪断。液压电缆剪分为手动液压电缆剪（见图 1–5）和电动液压电缆剪。

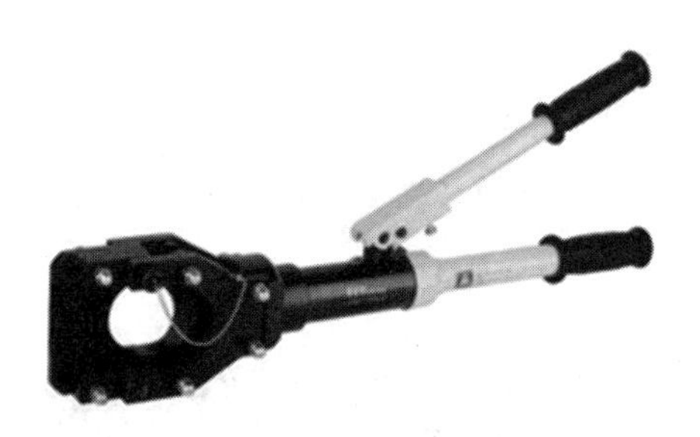

图 1–5　手动液压电缆剪

（4）电动电缆剪（见图 1–6）。电动电缆剪采用锂电池作为动力电源，设备内部有多组齿轮，通过多组齿轮转动而带动刀口开合。电动电缆剪能轻松切断大型电缆。

图 1–6　电动电缆剪

4. 自动裁线机

根据裁线规格，在主控制箱操作面板上设定其计数器及裁线长度。根据设定数值，自动量取线长度，并且可自行裁剪（见图 1–7）。量取线长精度高，可量取以往被视为很难加工的 50 mm 之内的短线，无任何困难。主要由进线轮、出线轮、进线轮间调节、进线轮抬起调节、进线轮压力调节、出线轮抬起调节、出线轮压力调节、刀架总成等构成。

图 1-7　自动裁线机

注意事项：

（1）机器在运转时，切勿将身体任何部位碰及轮子、切刀、夹线夹等活动部位，以避免造成伤害。

（2）机器在运转时，勿用手去拉正在运作的线材。

（3）非相关人员严禁乱折机器的任何部位。

（4）使用完毕必须把机器擦拭干净，关掉电源。

5. 手锯

电工用钢锯俗称为手锯，见图 1-8，主要用于锯割金属材料，也可用于锯割小块木头、塑料制品等，有时还用于切割电缆和导线。常见的钢锯架有可调长度和固定长度两种，用钢板或钢管制成。

注意事项：

锯削的速度要均匀、平稳、有节奏，快慢要适度。过快则容易使操作者疲劳，并造成锯条过热并损坏。一般速度为 40 次/分钟，硬度较高的材料要更低一些。

图 1–8　手锯

（二）电缆截取的常用量具

在电缆的截取过程中，为达到工艺要求，测量出电缆截取长度，常需要精确的测量工具，下述为日常工作中常用的测量工具。

1. 卷尺

卷尺是工作中常用的工量具，常用于测量较长电缆。卷尺的主要类型为钢卷尺，见图 1–9。其次是纤维卷尺，就是大家常常看到的皮尺，很多人称其为布尺，见图 1–10。其材质是 PVC 塑料和玻璃纤维，玻璃纤维能防止在卷尺的使用过程中被拉长。卷尺能卷起来是因为卷尺里面装有弹簧，在拉出测量长度时，实际是拉长标尺和弹簧的长度。一旦测量完毕，卷尺里面的弹簧会自动收缩，标尺在弹簧力的作用下也跟着收缩，所以卷尺就会卷起来。卷尺的头是松的，以便于量尺寸。卷尺量尺寸时，有两种量法：一种是挂在物体上；一种是顶到物体上。两种量法的差别就是卷尺头部铁片的厚度。卷尺头部松的目的就是在顶在物体上时，能将卷尺头部的铁片补偿出来。

图 1–9　钢卷尺

图 1–10　皮卷尺

2. 钢直尺

钢直尺是笔直的尺子，具有精确直线棱边的尺形量规，用来测量较短电缆长度，见图1-11。它的刻度线有两种：顶端（直尺一开始就是）和非顶端（刻度线前方尚有一段空白，约 1 cm）。最大误差，通常不多于 0. 2 mm。

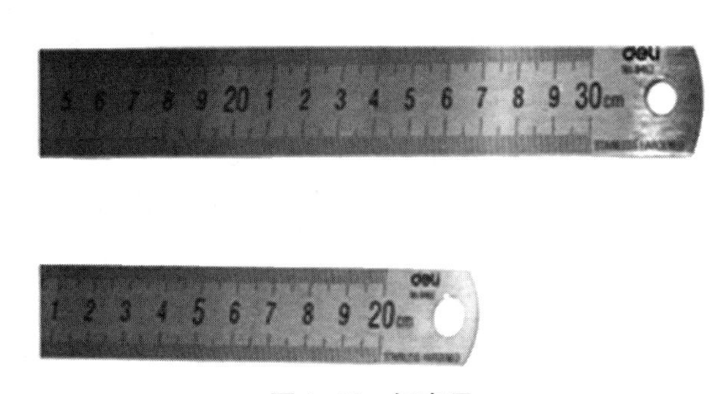

图 1-11　钢直尺

二、热缩材料的介绍和使用方法

在制作电缆接头和电缆防护时，常使用热缩材料。热缩材料又称高分子形状记忆材料，是高分子材料与辐射加工技术交叉结合的一种智能型材料。普通高分子材料如聚乙烯、聚氯乙烯等通常是线形结构，经过电子加速器等放射源的辐射作用变成网状结构后，这些材料就会具备独特的“记忆效应”，所谓“记忆效应”，就是辐射交联聚乙烯等结晶或非结晶聚合材料加热到熔点以上时，晶粒虽然熔化，但并不出现流动状态，而具有橡胶一类的弹性。若此时使聚乙烯扩张，则冷却定型后仍能保持扩张状态。如果将这种扩张聚乙烯重新加热到结晶熔化温度，这种聚合物材料会“记忆”起其未扩张时原来的形态并重新收缩恢复原样，故称“形状记忆效应”。热缩材料的记忆性能可用于制作热收缩管材、膜材和异形材，主要特性是加热收缩包覆在物体外表面，能够起到绝缘、防潮、密封、保护和接续等作用，收缩材料的径向收缩率可达 50% ~80%。电气常用热缩材料为热缩管。

（一）热缩管的介绍

热缩管是一种特制的聚烯烃材质热收缩管，具有高温收缩、柔软阻燃和绝缘防蚀功能。它广泛应用于各种线束、电感的绝缘保护等，电压等级为600 V。热缩管所用材料在室温下是玻璃态，加热后变成高弹态。高分子材料随着温度由低到高要经历玻璃态至高弹态，玻璃态时性能接近塑料，高弹态时性能接近橡胶。

使用方法：生产时，把热缩管加热到高弹态，施加载荷使其扩张。在保持扩张的情况下快速冷却，使其进入玻璃态，这种状态就固定住了。在使用时，一加热，它就会变回高弹态，但这时载荷没有了，它就要回缩。其收缩比例为2∶1；收缩温度为84~120℃；工作温度为-55~125℃；防火等级为VW-1。常见的热缩管有PET热缩管、PVC热缩管、含胶热缩管等。以下是常用的几种热缩管介绍。

1. PVC热缩管

PVC热缩管具有遇热收缩的特殊功能，加热98℃以上即可收缩，使用方便。产品按耐温分为85℃和105℃两大系列，击穿电压的参数：壁厚为0.07~0.09 mm，击穿电压≥6 kV；壁厚为0.10~0.12 mm，击穿电压≥8 kV；壁厚为0.15~0.20 mm，击穿电压≥10 kV。其规格从$\phi 2 \sim \phi 200$不等，产品符合欧盟RoHS环保指令。PVC热缩管可用于低压室内母线铜排、接头、线束的标志、绝缘外包覆，具有效率高、设备投资少和综合成本小的特点。

2. PET热缩管

PET热缩管（聚酯热缩管）从耐热性、电绝缘性能和力学性能上都大大超过PVC热缩管。更重要的是，PET热收缩管具有无毒性，易于回收，对人体和环境不会产生毒害，更符合环保要求。直径范围为3~35 mm。PET的温度使用范围为-50~125℃。PET热缩管的环保性能高于欧盟RoHS指令标准，不含镉（Cd）、铅（Pb）、汞（Hg）、六价铬（Cr^{6+}）、多溴联苯（PBBs）、多溴联苯醚（PBBEs/PBDEs）、多氯联苯（PCB）、多氯三联苯（PCT）、多氯化萘（PCN）等一级环境管理禁用物质。

3. 含胶热缩管

含胶双壁热缩管外层采用优质的聚烯烃合金，内层热熔胶复合加工而成。其产品成型后经电子加速器辐照交联、连续扩张而成。外层具有柔软、低温收缩、绝缘、防腐、耐磨等优点；内层具有低熔点、黏附力好、防水密封和机械应变缓冲性能等优点。含胶热缩管广泛应用于接线防水、防漏气，多股线束的密封防水，电线电缆分支处的密封防水，金属管线的防腐保护，电线电缆的修补等。

（二）热缩管的使用方法

1. 接线耳和热缩管的配套使用

根据接线耳选用合适的热缩管，如2.5-4接线耳配ϕ4热缩管，3.5-4接线耳配ϕ5热缩管，6-6、6-8、10-6接线耳配ϕ6热缩管，16-6、25-8接线耳配ϕ8热缩管，35-8、38-6接线耳配ϕ12热缩管。针对接线耳找出合适的热缩管后，使用剪刀把热缩管统一剪成工艺要求长度，把热缩管从电线两头套入。然后安装接线耳，使用铁锤敲打固定，再用两手做拉力测试，确保接线耳不会松动，将热缩管推至完全包裹住接线耳和铜丝的连接处。最后，使用热风枪进行加热，使热缩管熔缩，确保热缩管不会活动，见图1-12。

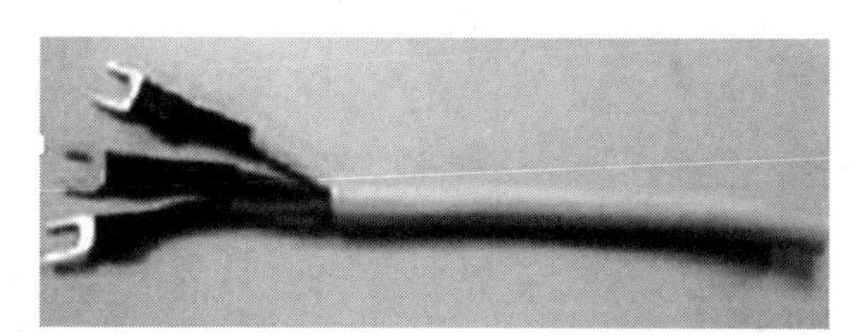

图1-12　接线耳和热缩管的配套使用

2. 两根电线连接成一根电线热缩

首先，挑选合适的热缩管套入电线，电线开剥使用烙铁加焊，再用两手做拉力测试确保两根电线焊接处不会脱落。把热缩管推至两根电线的连接处，确保热缩管完全包裹住电线开剥铜丝没有露出表面。最后，使用热风枪进行加热，使热缩管熔缩，确保热缩套管不会活动（不可使用电工胶布进行包扎），如图1-13所示。

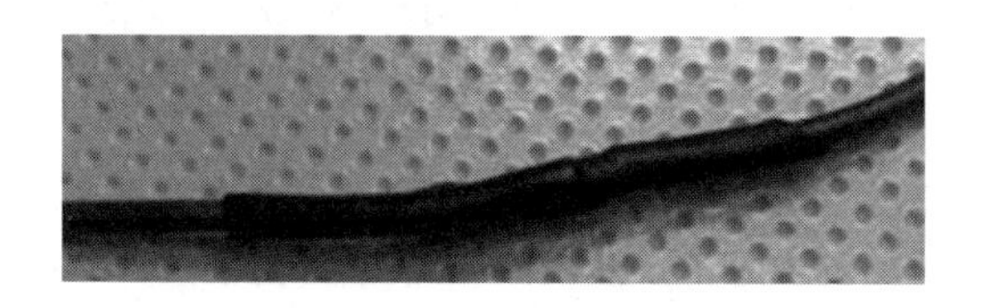

图1-13　两根电线连接成一根电线热缩

注意事项：

（1）选型错误。热缩管有不同的热缩倍率，热缩管的规格一般是指套管收缩后允许的最大内径与收缩倍率相乘的积。如收缩后允许的最大内径为 2 mm（即收缩后内径≤2），收缩倍率为 2，则此套管的规格为 ϕ4；若收缩倍率为 3，则此套管的规格为 ϕ6。

（2）被套物边缘锋利。线缆的钢铠或屏蔽层没有裁剪到位、铜丝松散，可导致热缩中使热缩管破损。

3. 加热温度远大于热缩管的收缩温度

常用加热热缩管的方法有打火机和热风枪等。

打火机是比较方便和常用的加热工具，但是其火焰外温高达上千度，远高于热缩管的收缩温度。在使用打火机烘烤的时候，一定要注意来回移动让热缩管整体受热均匀，防止烧坏热缩管或使热缩管变形。由于打火机安全性差，生产中应尽量避免使用打火机。

图 1–14　热风枪

热风枪（见图 1–14）是比较专业的加热工具，但是常用的热风枪温度也可到 400℃。使用热风枪很少会把热缩管烧坏，但是还是要不停地晃动热风枪，使热缩管整体受热来保证热缩管收缩后的外形不发生变化。

三、电缆接头及接线端头的质量标准

在电缆制作过程中，电缆接头和接线端头常使用管型预绝缘端头和环形预绝缘端头。它的制作过程和质量标准如下。

（1）剥切多芯电缆外层橡套时，应在适当长度处用电工刀（或美工刀）顺着电缆壁圆周划圆，然后剥去电缆外层橡套。注意，切割时用力要均匀、适当，不可损伤内部线缆绝缘。也可以采用如下方法。

①根据所需的长度用电工刀以 45°角倾斜切入绝缘层，如图 1–15a 所示。

②接下来，刀面与芯线保持 25°角左右，用力向线端推削，不可切入芯线，削去上面一层的绝缘，如图 1–15b 所示。

③将下面的绝缘层向后扳翻，如图 1-15c 所示，最后用电工刀齐根切去。

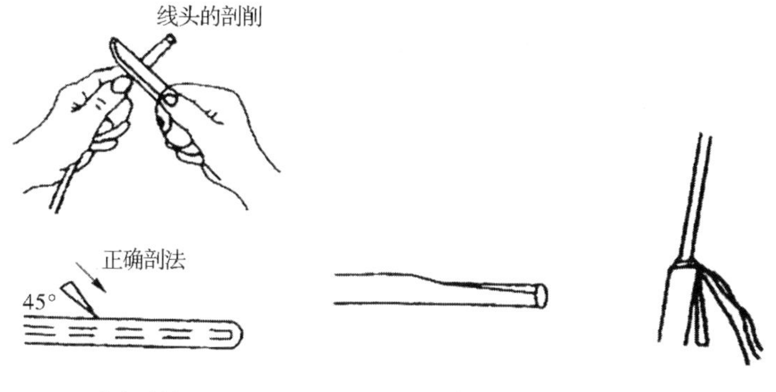

a　刀以 45°角倾斜切入　　b　刀以 25°角倾斜挂削　　c　翻下绝缘层

图 1-15　剥削电缆绝缘层示意图

（2）单芯 1. 0~2. 5 mm^2 的线缆应使用剥线钳剥去绝缘层，注意应按绝缘线直径不同，将其放在剥线钳相应的齿槽中，以防导线受损。剥切长度根据选用的接线端头长度加长 1 mm，注意剥线时不可损伤线芯。

（3）管式预绝缘端头须选用专用压线钳压接，注意压线钳选口要正确，线缆头穿入前先绞紧，防止穿入时线芯分岔，如图 1-16 所示。线缆绝缘层须完全穿入绝缘套管，线芯需与针管平齐。如有多余，需用斜口钳去除。压接完成后，需用力拉拔端头，检查其是否牢固。主动力电缆接线端子制作时，要求剥切横截面平齐，长度正确，铜丝不得有松散现象，如图 1-17 所示。

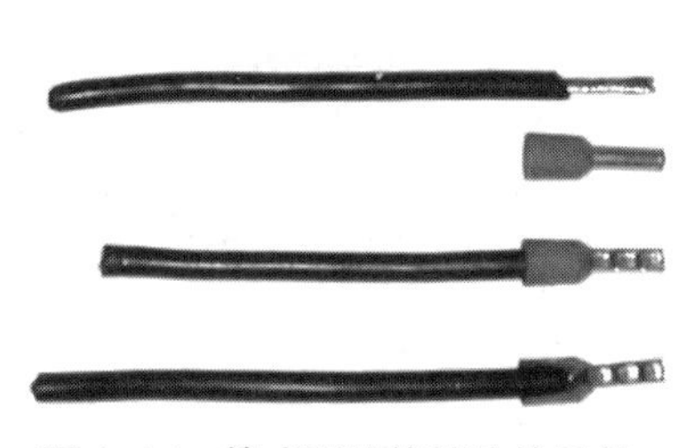

图 1-16　管式预绝缘端头的压接

图 1-17　主动力电缆端部剥切

（4）管式预绝缘端头用压线钳压好后，会出现一面平整而另一面有凹槽的现象。端头与弹簧端子连接时，必须将管式预绝缘端头的平整面与弹簧端子的金属平面相连（端头平整面须正对端子中心后插入）。如果用有凹槽的一面与弹簧端子的金属平面相连将会造成接触不良烧毁端子。

（5）环形预绝缘端头由连接端线芯包筒、绝缘皮包筒构成，见图 1-18 和图 1-19。环形预绝缘端头也须选用专用压线钳压接，注意压线钳选口要正确，线缆头穿入前先绞紧，防止穿入时线芯分岔。线缆绝缘层须完全穿入绝缘套管，线芯需露出线芯包筒，但不可露出过长。压接完成后须用力拉拔端头，检查其是否牢固。

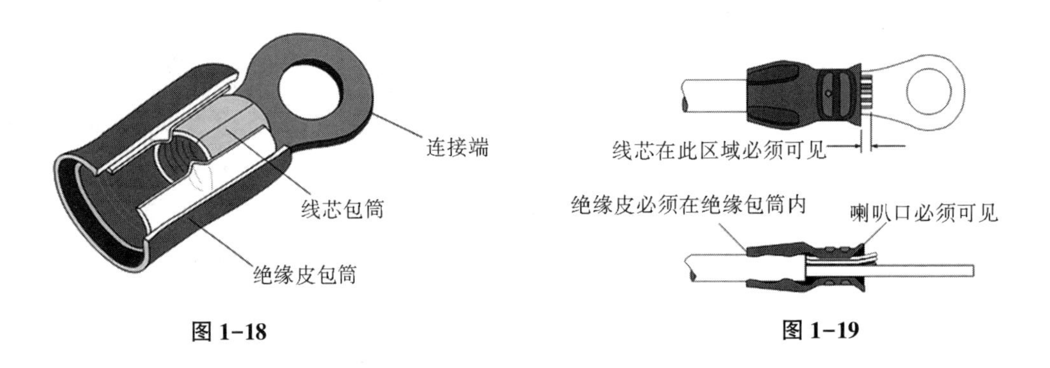

图 1-18　　图 1-19

（6）铜接线端头压接前，应先将热缩管套入电缆。压接时，应将缆芯铜丝撸直，再穿进端头内。

注意事项：

要将所有缆芯内的铜丝都放入端头内，不能截掉铜丝。根据铜接线端头的长短选择压接道数。尾部较短的端头用液压钳压接 2 道，尾部较长的端头用液压钳压接 3 道。压接时，要从前往后，避免压接时铜管内出现气堵现象。

电缆接头检验：

（1）电缆附件规格与电缆一致，零部件完整齐全，规格、型号符合设计要求。

（2）连接与固定金具的规格、型号、质量符合规定要求。

（3）电缆头的制作质量要结构简单、紧凑；护层剥切长度、绝缘包扎长度及芯线连接强度符合要求。

（4）需要相色标志的，要颜色明显，注意相色。

（5）电缆头的固定和防震要符合规定。

（6）电缆头的护铠及屏蔽层要做有效接地。

（7）电缆标志牌要注明线路编号，规格统一，挂装牢固。

第二节　电气连接

一、风电机组电气装配工安全操作规程

（一）安装现场安全要求

（1）现场安装人员应经过安全培训并达到合格要求；工作区内不允许无关人员进入；外来人员进入现场必须经过专人的现场安全培训，并签订外来人员安全告知。

（2）工作人员进入现场工作必须穿工作服和工作鞋，戴安全帽。

（3）严禁在工作时间、工作区域嬉戏、打闹等。

（4）严禁在工作期间醉酒或在意识不清醒的状态下进行工作。

（5）严禁不按照工艺规范要求违规作业。

（6）现场指挥人员应唯一且始终在场，其他人员应积极配合并服从指挥调度。

（7）现场安装方安全员必须是专职安全员，监督所有人员按照安全规范进行操作。在人员每天到场和各工序吊装前，均应由安全员进行安全宣传。

（8）执行高度超过 2 m 以上作业时，须使用个人安全防护装备（安全衣和安全绳），并随身携带移动电话以备在紧急情况时使用。

（9）有人员在出机舱外工作时，须穿戴个人防护用品（安全衣和安全绳），做好防护措施。同时，要保证无人在塔架周围，避免高处坠物伤人。风速超过 12 m/s 时，不许出舱作业。

（10）使用梯子作业时，应选用足够承载量的梯子，同时必须有人辅助稳固梯子。

（11）遇到恶劣天气特别是雷雨天气，禁止进行安装工作，禁止人员进入或靠近风机。工作人员不得滞留现场，至少在雷电过去 1 h 后才可进入现场工作。

（12）安装现场噪声较大，当工作地点噪声为 85 dB 或超过 85 dB 时，安装人员必须戴耳塞。

（13）风机安装施工现场临时用电作业时，应采取可行的安全保护措施。

（14）风机安装施工现场须有灭火器等防火器具。现场不许吸烟，尤其是在秋、冬和春季的草原、森林地区，应遵守当地牧场、林区等相关部门防火协议规定要求。

（15）风机安装施工现场安装废弃物、包装膜和垃圾应集中堆放、统一回收，严禁随意焚烧或其他污染环境的行为。

（16）风机安装施工现场须在路口等明显位置设警示性标牌、围栏等安全设施。

（17）风机安装施工现场须准备常用的急救医药用品。

（18）严禁从机舱向下抛撒物品，要求及时回收包装物，收集后统一带下机舱。

（19）在风机安装施工现场，应根据风机机组的特性，尽量减少施工过程中各类机械噪声对周围环境的影响。在施工过程中，应当尽量避免破坏植被，以防止水土流失。各施工单位应及时清运工程施工过程中产生的固体废物，并按照环境卫生行政主管部门的规定进行利用或者处置。禁止随意倾倒、抛弃或者堆放生活垃圾。在运输过程中，禁止随意丢弃生活垃圾。

（二）风机内工作的安全要求

（1）当风速≥11 m/s 时（10 min 平均风速），禁止锁定叶轮。当风速≥11 m/s 时（10 min 平均风速），禁止在叶轮内工作。当在风速≥12 m/s 时（10 min 平均风速），禁止在机舱外工作。当风速≥14 m/s 时（10 min 平均风速），必须关闭机舱天窗。当风速≥15 m/s 时（10 min 平均风速），禁止在机舱内工作。

（2）遇雷电天气，严禁进入风机；在雨雪冰冻天气，远离叶轮旋转面。

（3）在风机内作业时，在塔筒门外的显著位置立安全警示隔离牌；并将塔筒门在完全打开的情况下进行固定，避免意外伤人。

（4）严禁在风机内吸烟；严禁在风机内部使用汽油、丙酮等易燃、易爆和易挥发物品。

（5）风机内的作业人员在没有允许的情况下，严禁打开和触碰风机电气设备，以防触电。

（6）在风机内工作时，注意留意风机里或设备上的各警示牌，严格按照要求操作。

（7）风机内的工作应由两个或两个以上的人员来共同完成。工作人员相互之间应能随时保持联系，超出视线或听觉范围，应使用对讲机或移动电话等通信设备来保持联系（带上电量充足的电池，出发前试用对讲机）。

（8）机组未上电前，风机内无照明，因此要求佩戴头灯，并采取必要的临时照明措施，以确保风机内照明。

（9）当需要在机舱外部工作时，工作人员应使用安全带和安全绳以确保安全。应采取有效措施保护好作业工具防止其意外坠落。

（10）转子锁定规范。在进入轮毂前，一定要锁定发电机刹车。发电机刹车位于机舱左手位置。在机舱前部发电机定子左手位置，有一个液压锁定销，通过操作手柄来控制刹车状态。

（11）严禁在机舱工作时从机舱向外扔物品。

（12）用提升机吊物时，首先风机进行 90°侧风动作，再使用导向绳稳定吊物，以免吊物与塔壁碰撞。同时，确保此期间无人在塔架周围，避免坠物伤人。升降提升机时，必须穿戴安全，手不能触碰提升机链条；须将吊运零件、工具绑扎牢固，需要时宜加导向绳。如发生链条打结、缠绕或脱出链盒的情况，必须先停止提升动作，待整理好链条后，方可继续使用；使用完毕后，应断开电源；在使用提升机时，不能超过提升机的额定起吊重量。

（13）进入叶轮的人员不能超过三人，并在机舱里面留人，任何一人的操作都要获得另一人的确认，确认后方可操作。

（14）进入叶轮前，应将所有工具放入工具包内，不要把工具掉落或遗落在叶轮内。

（15）进入叶轮后须使用照明设备，严禁在无照明的情况下进入轮毂作业。

（三）电气安全要求

（1）为了保证人员和设备的安全，只有经培训合格的电气工程师或经授权人员才允许对电气设备进行安装、检查、测试和维修。

（2）在安装调试过程中、维护作业中，以及更换部件作业中，必须悬挂禁止、警告等安全标志牌。见图 1-20~图 1-23。

图 1-20 “禁止合闸”禁止标志

图 1-21 “禁止入内”禁止标志

图 1-22 “当心触电”警告标志

图 1-23 “禁止触摸”禁止标志

（3）如果必须带电工作，只能使用绝缘工具，并且要将裸露的导线做绝缘处理。应注意用电安全，如果需要带电测试，应确保设备绝缘各格和工作人员的安全防护。工作完成后，必须得到负责人的允许才可重新上电，以防触电。

注意事项：

在电气作业现场，严禁穿戴容易产生静电的化纤服装等物品。

（4）现场需保证有两个以上的工作人员，工作人员进行带电工作时必须正确使用绝缘手套、橡胶垫和绝缘鞋等安全防护措施。

（5）对高压和低压设备进行操作时，必须按照工作票制度进行，应将控制设备的开关或保险断开，悬挂安全警示牌并由专人负责看管。

（6）当设备上电前，一定要确保所有人员处于安全位置；所有测试用的短接线已经被拆除；所有被拆开的线路已经完全恢复并可靠连接。在确认所有被更换的元器件接线是正确可靠的之后，方可给设备合闸供电。

（四）人身防护装备

（1）人身防护装备要求。所有在风机现场使用的人身防护装备要求符合下列一般条款的规定。

①根据 PPE（Personal Protective Equipment）规则必须有“CE”标志。

②在有效期内使用。

③若有损坏，应立即更换。

④人身防护装备标准应符合现行的国家标准和规范和厂家的使用说明书规定。

（2）PPE 人身防护装备包括如下的安全设备：安全帽、安全带、减震系绳、带挂钩的安全绳和防坠落的机械安全锁扣。这些安全设备必须符合安全设备标准，见表 1-1。不论何时上下塔架，都要穿戴合适的防护装备。在上风机之前，每个人都要能正确地使用安全设备；还须认真阅读安全设备的说明书，使用不当则会造成生命危险。尤其重要的是，须检查所有的安全设备，同时注意其有效日期。

表 1-1 安全设备及标准

安全设备名称	标 准
安全带	EN 361
机械安全锁扣	EN 355
锁扣导轨	EN 353-1
连接（绳子、吊钩）	EN 354
安全帽	EN 397

（3）安全带的正确穿戴。详细使用说明请参见安全带配套使用说明书。

（五）攀登风机时的安全操作要求

（1）只能在风机停机后，即叶轮停止后才能登机作业。

（2）个人对自己的身体状态要有清醒的了解，如感觉不适，切勿攀爬风机。攀爬应满足如下条件：

①身体健康。

②没有心血管疾病。

③没有使用药物和酒精。

④经过安全培训的合格人员。

（3）穿戴好安全装备并做相关检查。不要低估爬风机的体力消耗，在攀登塔架时，不要过急，要平稳攀登；若中途体力不支，可在中平台休息后继续攀登。

（4）使用安全装备前，必须进行安全测试。在靠近地面处，要进行悬挂试验，测试制动器是否能正常工作。检查所有的安全设备是否完好，留意有效日期，并确保安全用具穿戴正确。

（5）在爬风机前，检查防滑锁扣轨道是否完好，并正确安装防滑锁扣。

（6）机组未上电前，塔筒内无照明，要求佩戴头灯。

（7）在攀爬过程中，随身携带的小工具或小零件应放在工具包中，防止其意外坠落。不方便随身携带的重物应使用提升机输送。

（8）攀爬塔筒时，应清除掉爬梯上的任何油脂残渣，以防止攀登人员滑倒。在清除前，应确保下面没有人。每次每节塔架梯子上，只允许一人攀爬。到达平台的时候将平台盖板打开，继续往上攀爬时要把盖板盖上。只有当平台盖板盖上后，第二个人才能开始攀爬。应保证上塔架时，携带工具者最后攀爬。

（9）下塔筒时，携带工具者须最先下塔架，这样可以防止下面的人被上面掉落的东西砸伤。到达梯子顶端时，在卸掉防坠落装置之前，必须用减震系绳与一个安全挂点连接来保证人员安全。

注意事项：

攀爬塔筒时，松散的小件不可放在衣服口袋中且手上应无任何东西；进入机舱时，把上平台的盖板盖好，防止发生坠物的危险。

（10）任何时候在机组上工作都要保证至少有两人；在攀登风机塔架时，要戴安全帽、系安全带，并把防坠落安全锁扣安装牢靠；穿结实的橡胶底鞋。

（11）冬季或雨雪天气，清除梯子上及脚底的冰雪后，方可进入塔架。爬塔架时，应时刻注意防滑。

（六）安装接线前的准备

（1）安装接线前，先熟悉整个配电系统，了解机组各部分之间的连接。

（2）根据工艺要求备齐所需的材料，并核对每个器件的规格、数量。现场使用的材料以项目配置清单为准，如有疑问请与相关人员联系。

（3）在每道工序中要求备齐所需的工具，核对每个工具的规格、数量，并在清单中将其罗列出来。

二、电缆绑扎带的介绍与使用方法

电缆绑扎、捆绑和固定时常使用扎带。扎带顾名思义为捆扎东西的带子，又称扎线带、束线带、锁带。按材质划分，扎带一般可分为尼龙扎带、不锈钢扎带、喷塑不锈钢扎带。在电缆绑扎中，常用尼龙电缆扎带。它具有绑扎快速、绝缘性好、自锁紧固和使用方便等特点。尼龙扎带按功能划分种类繁多，有普通扎带、可退式扎带、标牌扎带、固定锁式扎带、插销式扎带和重拉力扎带等。图1-24 ~图 1-29 为常见的扎带类型。

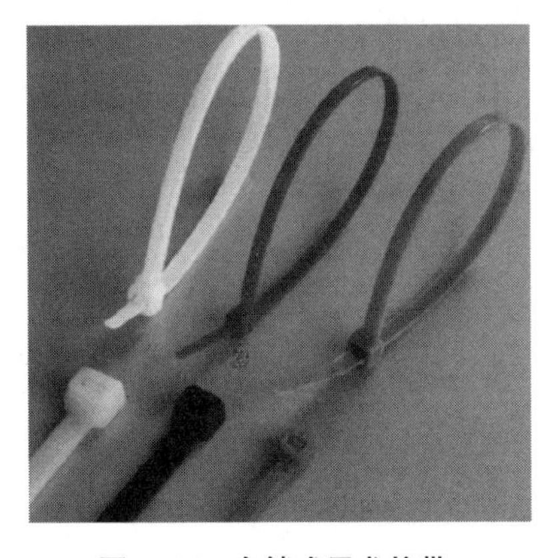

图 1-24 自锁式尼龙扎带

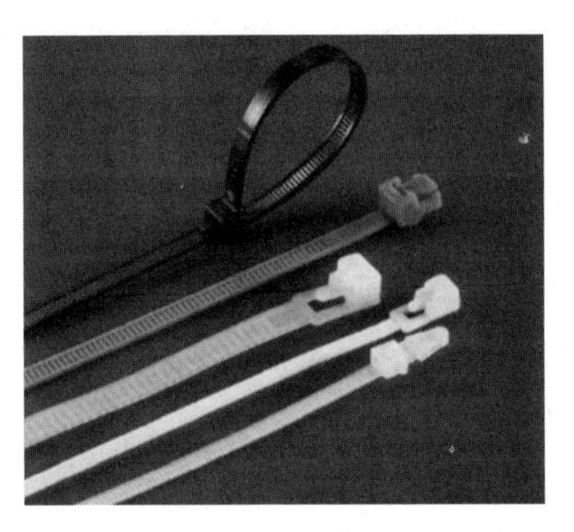

图 1-25 可松式尼龙扎带

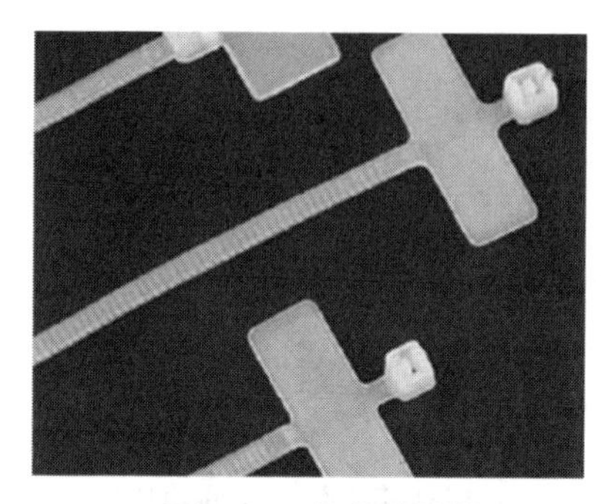
图 1-26　标牌式扎带

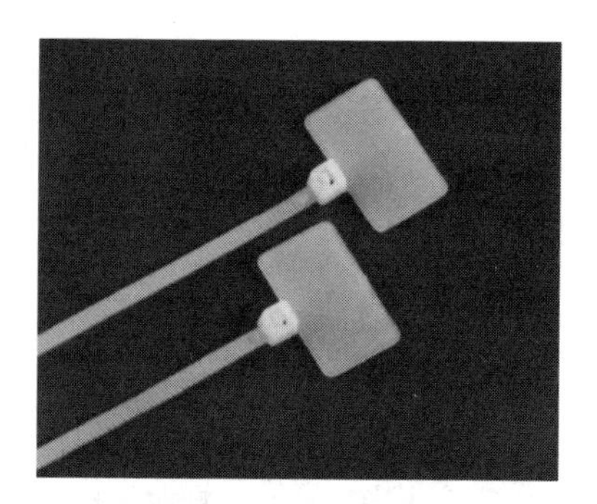
图 1-27　标牌式扎带

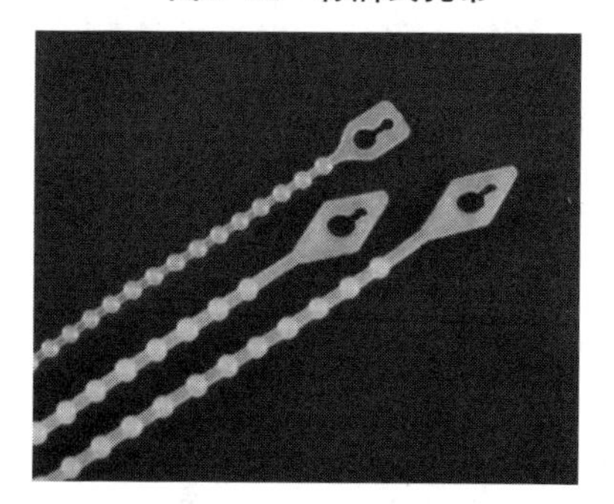
图 1-28　珠孔式扎带

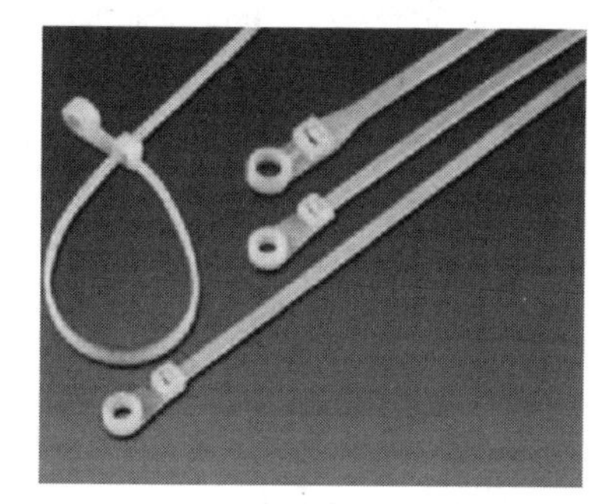
图 1-29　带固定头式尼龙扎带

尼龙扎带有以下几种性能。

1. 尼龙扎带的机械性能

尼龙扎带属于一种工程塑料，用尼龙 66 注塑成型的尼龙扎带具有优良的机械性能，不同规格的尼龙扎带的捆扎圈径及拉伸强度（拉力）不同。

2. 温度对尼龙扎带影响

尼龙扎带在广泛温度范围内（-40～85℃）可保持优良的力学性能和抗老化性。

3. 湿度对尼龙扎带影响

尼龙扎带在潮湿环境下，可保持优良的力学性能。尼龙扎带有吸湿性，湿度（含水量）增加，有更高的延伸度和冲击强度，但抗拉强度和刚性逐渐降低。

4. 电器特性及阴燃性

尼龙扎带有良好绝缘性，电气额定温度小于 105℃时不影响其性能，阻燃性达 UL 测定 94V-2 级。

5. 抗化学腐蚀性

尼龙扎带具有优良的抗化学腐蚀性，但强酸和酚类化学物质对其性能影响大。

6. 尼龙扎带对寒冷天气的耐候性

尼龙扎带在极度寒冷干燥的天气里，使用时会出现脆断现象。这时，可用热水将其浸泡一个晚上，再使用就不会出现脆断现象了。另外，在生产尼龙扎带过程中，可以用煮水的工艺来处理这种脆断现象。此外，在生产过程中也要注意温度和速度的控制，不要让原料在螺杆里的时间太久而出现材料烧焦的情况。

使用方法：

（1）根据绑扎电缆的整体外径及重量选取合适长度、宽度的绑扎带，绑扎带断口长度不得超过 2 mm，断口位置不得向维护面。

（2）电缆绑扎应远离旋转和移动部件，避免电缆出现悬挂和摆动的现象。

（3）相同走向电缆应并缆。在与金属部分接触时，要对电缆做防护，用缠绕管保护电缆绝缘层，再用规定的绑扎带固定，电缆绑扎带间距 150 mm。绑扎带间距可根据路线适当调整，但须保证间距排布均匀。

绑扎的间隔距离和线束直径关系，见表 1-2。

表 1-2　绑扎的间隔距离和线束直径关系

线束直径（mm）	绑扎距离（mm）
$d\leqslant5$	30~50
$5<d\leqslant10$	50~80
$10<d\leqslant15$	80~100
$15<d\leqslant20$	100~150
$20<d\leqslant25$	150~200

连接器到线束绑扎起始处的距离和线束直径关系，见表 1-3。

表 1-3　连接器线束直径与绑扎间距关系

线束直径（mm）	连接器到线束绑扎起始处的距离（mm）
$d\leqslant12$	25~50
$12<d\leqslant25$	50~75
$d>25$	75~100

注意事项：

（1）尼龙扎带具有吸湿性，在未使用之前不要打开包装。在潮湿环境中打开包装后，尽量在 12 h 内用完，或者把未用完的尼龙扎带进行重新包装，以免影响在操作使用时尼龙扎带的抗拉强度和刚性。

（2）抽紧拉力不能超过尼龙扎带本身的拉伸强度（拉力）。

（3）捆扎物体圈径要小于尼龙扎带圈径，大于或等于尼龙扎带圈径将不方便操作或导致捆扎不紧固。扎紧后，带体剩余长度以不小于 100 mm 为宜。

（4）被捆扎物体表面部分不能有尖角。

（5）在使用尼龙扎带的时候，一般有两种方法：一种是人工用手拉紧；另一种是用扎带枪来拉紧并将其切断。在使用扎带枪的情况下，要注意调整好扎带枪力度，具体情况要依扎带的大小、宽窄和厚薄来定。

思考题：

1. 列举几种常用的电缆截取工具和测量工具。
2. 简述电缆接头的检验要求。
3. 简述以下四种安全标志代表的含义。

4. 简述使用尼龙绑扎带绑扎时的注意事项。
5. 简述电缆绑扎的方法。

第二章　发电机装配

学习目的：

1. 备齐发电机装配的设备、工装和工具。
2. 备齐性能检查的仪器仪表。
3. 判断发电机电气接线的线缆对错。
4. 备好发电机电气接线图。

第一节　装配准备

一、相关设备、工装和工具的使用方法和维护保养

在发电机的装配中，电气人员不仅要使用电工工具，还会使用到一些通用工具，下面介绍几种在发电机装配过程中电气人员常使用的工具。

1. 内六角扳手

内六角扳手是电工常用工具，也叫艾伦扳手，见图 2–1。它通过扭矩施加对螺丝的作用力，大大降低了使用者的用力强度，是工业制造业中不可或缺的得力工具。

图 2–1　内六角扳手

内六角扳手有以下优点：

(1) 扳手的两端都可以使用。

(2) 简单而且轻巧。

(3) 可以用来拧深孔中螺丝。

(4) 扳手的直径和长度决定了它的扭转力。

(5) 可以用来拧非常小的螺丝。

(6) 容易制造，成本低廉。

(7) 内六角螺丝与扳手之间有六个接触面，受力充分且不容易损坏。

内六角扳手的规格（单位：mm）有1.5、2、2.5、3、4、5、6、8、10、12、14、17、19、22、27。

内六角螺丝尺寸对照表，见表2-1。

表2-1　内六角扳手尺寸对照表

英制六角匙	英制杯头	英制机关	公制六角匙	公制杯头	公制机关	公制平圆杯
			0.9		2	
			1.3		2.5	2
1/16		1/8	1.5	2	3	2.5
5/64		5/32	2.0	2.5	4	3
3/32	1/8	3/16	2.5	3	5	4
1/8	5/32	1/4	3.0	4	6	5
5/32	3/16	5/16	4.0	5	8	6
3/16	1/4	3/8	5.0	6	10	8
7/32	5/16		6.0	8	12	10
5/16	3/8	5/8	8.0	10	16	12
3/8	7/16		10.0	12	20	16
3/8	1/2	3/4	12.0	14		
1/2	5/8		14.0	16/18		
9/16	3/4		17.0	20/22		
5/8	7/8		19.0	24		

续表

英制六角匙	英制杯头	英制机关	公制六角匙	公制杯头	公制机关	公制平圆杯
3/4	1		22.0	30		
1/4		1/2	27.0	36		

2. 力矩扳手

力矩扳手是确保螺栓坚固力矩相对准确的常用工具，在制造生产装配中必不可少，见图2-2。力矩扳手又叫扭矩扳手、扭力扳手和扭矩可调扳手，见图2-2。力矩扳手最主要特点是，可以设定扭矩，并且扭矩可调节。

高强螺栓可分为扭剪型和大六角型两种，国标扭剪型高强螺栓有M16、M20、M22、M24四种。现在也有非国标的M27、M30两种。国标大六角高强螺栓有M16、M20、M22、M24、M27、M30等几种。一般对于高强螺栓的紧固都要先初紧再终紧，并且每步都需要有严格的扭矩要求。

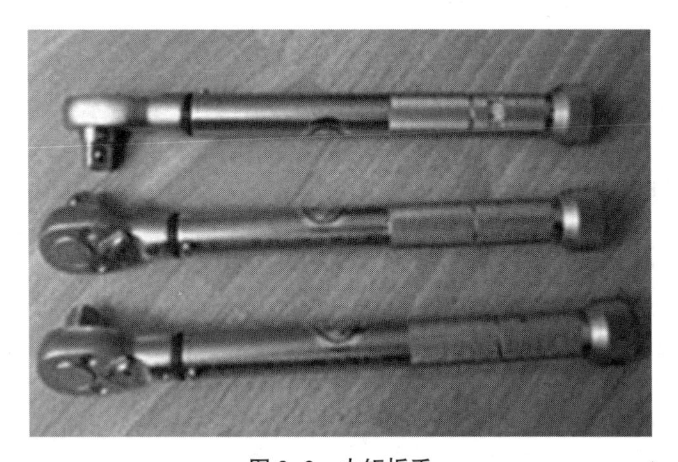

图2-2　力矩扳手

使用方法：

（1）在力矩扳手的使用中，首先要根据测量工件的要求，选取适中量程力矩扳手。所测的力矩值不可以小于扭力器在使用中量程的20%，太大的量程不宜用于小扭力部件的紧固，小量程的扭力器更不可以超量程使用。

（2）在使用中，先将扳手连接好，确保连接没问题。在紧固力矩之前，设定好需要紧固的力值，并锁好紧锁装置。调整好方向转换钮到加力的方向，然后在使用时先快速连续操作 5~6 次，使扳手内部组件上特殊润滑剂能充分润滑，使力矩扳手更精确，持久使用。

（3）使用时，手要握住把手的有效范围，沿垂直于力矩扳手壳体方向，慢慢地加力，直到听到力矩扳手发出“嗒”的声音，此时力矩扳手已到达预置力矩值，加力完毕。然后应及时解除作用力，以免损坏零部件。在施力过程中，按照国家标准仪器操作规范，其垂直度偏差左右不应超过 10°，其水平方向上下偏差不应超过 3°。操作人员在使用过程中应保证其上下左右施力范围均不超过 15°。

（4）测量结果因水平和垂直方向上的偏差而产生影响。在测量时，应在加力把持端上施加一个垂直向下的稳定力值，然后再手动加力，这样使用值会更精准。

（5）扳手的读数。如果是带扭力仪器，可直接读取指针所指示的数据为测量数据值；如果是套筒加副刻度指示器，应先读取主刻度上的刻度值，再加上副刻度或微分筒上的刻度值，即为测量数据值。

（6）扳手是测量工具，应轻拿轻放，不能代替榔头敲打。不用时，请注意将扭力设为最小值，并将其存放在干燥处。

3. 开口扳手

开口扳手是一种通用工具。一般选用优质碳钢锻造，通过整体热处理加工而成。产品必须通过质量检验验证，避免使用过程中由于产品质量问题而造成人身伤害。开口扳手主要分为单头开口扳手和双头开口扳手，见图 2–3 和图 2–4。

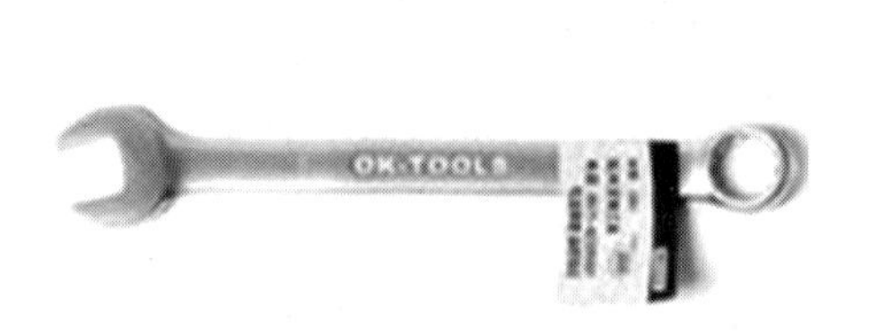

图 2–3　单头开口扳手

图 2–4　双头开口扳手

使用方法：

（1）不能将公制扳手与英制扳手混用，以免造成打滑而伤及使用者。

（2）不能在扳手尾端加接套管延长力臂，以防损坏扳手。

（3）不能用钢锤敲击扳手，扳手在冲击截荷下极易变形或损坏。

（4）扳手应与螺栓或螺母的平面保持水平，以免用力时扳手滑出伤人。

4. 电动扳手

电动扳手就是以电源或电池为动力的扳手，是一种拧紧螺栓的工具，见图 2-5。电动扳手主要分为冲击扳手、扭剪扳手、定扭矩扳手、转角扳手、角向扳手、液压扳手、扭力扳手和充电式电动扳手。

（1）电动冲击扳手主要是初紧螺栓的，它的使用很简单，对准螺栓扳动电源开关即可。

（2）电动扭剪扳手主要是终紧扭剪型高强螺栓的，它的使用就是对准螺栓扳动电源开关，直到把扭剪型高强螺栓的梅花头打断为止。

（3）电动定扭矩扳手既可初紧又可终紧，它的使用是先调节扭矩，再紧固螺栓。

图 2-5　电动扳手

（4）电动转角扳手也属于定扭矩扳手的一种，它的使用是先调节旋转度数，再紧固螺栓。

（5）电动角向扳手是一种专门紧固钢架夹角部位螺栓的电动扳手，它的使用和电动扭剪扳手原理一样。

电动扳手有以下特点：

（1）使用寿命较长。

（2）耐撞击性强。

（3）使用性价比最高。

（4）手柄和机壳材料散热性好。

（5）功率大。

检查电动扳手的方法为：

（1）检查手持电动扳手两侧手柄完好，不开裂无破损，安装牢固。

（2）检查电动扳手机身安装螺钉紧固情况，若发现螺钉松了，应立即重新扭紧，否则会导致电动扳手故障。

（3）电动扳手的金属外壳应可靠接地，其外壳应有定期检验试验合格证，并在有效期限内。

注意事项：

（1）确认现场所接电源与电动扳手铭牌是否相符，是否接有漏电保护器。

（2）根据螺帽大小选择匹配的套筒，并妥善安装。

（3）尽可能在使用时找好反向力矩支靠点，以防反作用力伤人。

（4）若作业场所在远离电源的地点，当延伸线缆时，应使用容量足够、安装合格的延伸线缆。延伸线缆如通过人行过道，应高架或做好防止线缆被碾压损坏的措施。

（5）在送电前，应确认电动扳手上开关断开状态，否则插头插入电源插座时电动扳手将出其不意地立刻转动，可能会使人员受到伤害。

（6）站在梯子上工作或高处作业应做好高处坠落措施，梯子应有地面人员扶持。

（7）使用中发现电动机碳火花异常时，应立即停止工作，进行检查处理，排除故障。

5. 手电钻

手电钻是进行钻孔的工具，以交流电源或直流电池为动力，是手持式电动工具的一种，见图 2-6。装有正反转开关和电子调速装置后，可用来作电螺丝。有的型号配有充电电池，可在一定时间内，在无外接电源的情况下正常工作。

手电钻的主要由钻夹头、输出轴、齿轮、转子、定子、机壳、开关和电缆线构成。

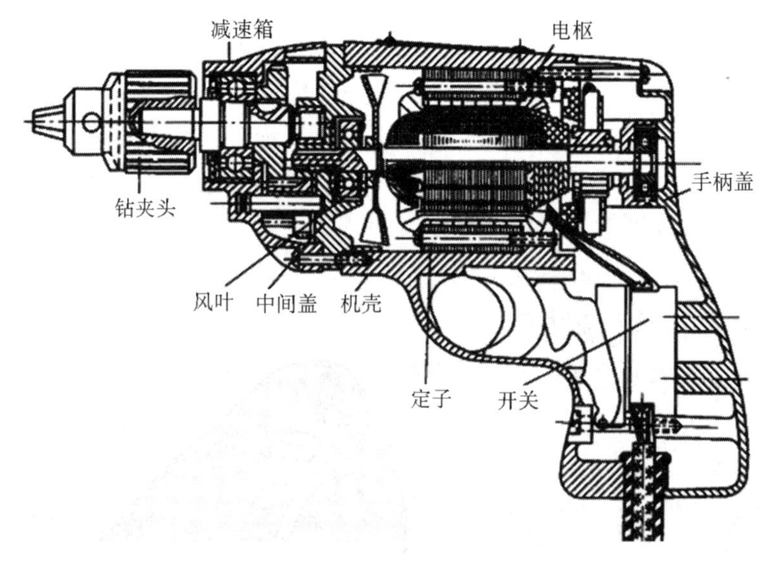

图 2-6　手电钻结构图

选择手电钻的关键几点：①钻孔能力；②额定功率；③额定冲击率；④电子调速；⑤夹头直径；⑥正反转；⑦最大扭矩；⑧最大钻孔直径。

使用方法：

(1) 手电钻导线要保护好，严禁乱拖防止轧坏、割破，更不允许把电线拖到油水中，防止油水腐蚀电线。

(2) 手电钻外壳必须有接地或者接零中性线保护。

(3) 使用中发现电钻漏电、震动、高热或者有异声时，应立即停止工作，找电工对电钻进行检查修理。

(4) 使用时一定要戴胶皮手套，穿胶布鞋；在潮湿的地方工作时，必须站在橡皮垫或干燥的木板上工作，以防触电。

(5) 电钻未完全停止转动时，不能卸、换钻头。停电休息或离开工作地时，应立即切断电源。

(6) 不可以用来钻水泥和砖墙，否则极易造成电机过载，烧毁电机。

注意事项：

(1) 用前检查电源线有无破损。若有破损，必须包缠好绝缘胶带，使用中切勿受水浸泡并不能对其乱拖乱踏，也不能触及热源和腐蚀性介质。

(2) 对于金属外壳的手电钻必须采取保护接地（接零）措施。

(3) 使用前，要确认手电钻开关处于关闭状态，防止插头插入电源插座时手电钻突然转动。

(4) 电钻在使用前应先空转0.5~1 min，检查传动部分是否灵活、有无异常杂音，螺钉等有无松动，换向器火花是否正常。

(5) 打孔时，要双手紧握电钻，尽量不要单手操作，应掌握正确操作姿势。

(6) 不能使用有缺口的钻头。钻孔时，向下压的力不要太大，防止打断钻头。

(7) 清理钻头废屑、换刀头等这些动作，必须在断开电源的情况下进行。

(8) 对于小工件必须借助夹具来夹紧，再使用手电钻。

(9) 操作时，进钻的力度不能太大，以防钻头或丝攻飞出来伤人。

(10) 在操作前，要仔细检查钻头是否有裂纹或损伤。若发现有此情形，则应立即更换。

(11) 注意钻头的旋转方向和进给方向。

(12) 先关上电源，等钻头完全停止，再把工件从工具上拿走。

(13) 在加工工件后，不要马上接触钻头，以免钻头可能过热而灼伤皮肤。

(14) 在操作前，要仔细检查钻头是否有裂纹或损伤。若发现此情形，应立即更换。

(15) 在使用中，若发现整流子上火花大，电钻过热，必须停止使用，对其进行检查，如清除污垢、更换磨损的电刷、调整电刷架弹簧压力等。

(16) 为了避免切伤手指，在操作时要确保所有手指撤离工件或钻头。

(17) 不使用时，应及时拔掉电源插头，并将电钻应存放在干燥、清洁的环境中。

6. 磨光机

磨光机是电工常用来进行金属表面打磨处理的一种电动工具，见图 2–7。

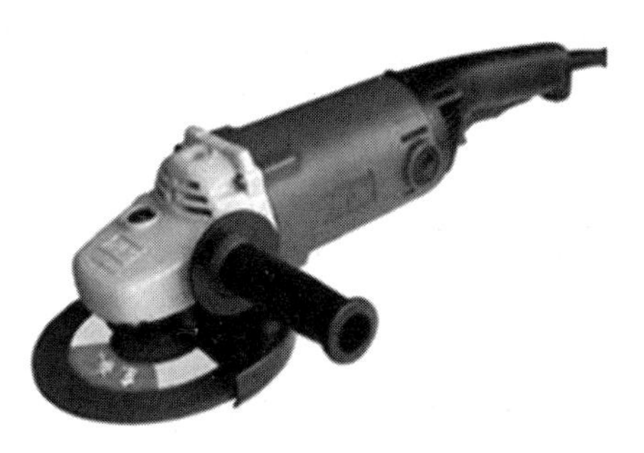

图 2–7 磨光机

使用方法：磨光机操作的关键是要设法得到最大的抛光速率，以便尽快除去磨光时产生的损伤层。同时，也要使抛光损伤层不会影响最终观察到的组织，即不会造成假组织。前者要求使用较粗的磨料，以保证有较大的抛光速率来去除磨光的损伤层，但抛光损伤层也较深；后者要求使用最细的材料，使抛光损伤层较浅，但抛光速率低。

注意事项：

抛光最好分为两个阶段进行。粗抛的目的主要是去除磨光损伤层，这一阶段应具有最大的抛光速率，粗抛形成的表层损伤是次要的，不过也应当尽可能小；其次是精抛（或称终抛），其目的是去除粗抛产生的表层损伤，使抛光损伤减到最小。磨光机抛光时，试样磨面与抛光盘应绝对平行并均匀地轻压在抛光盘上，注意防止试样飞出和因压力太大而产生新磨痕。同时，还应使试样自转并沿转盘半径方向来回移动，以避免抛光织物局部磨损太快。在抛光过程中，要不断添加微粉悬浮液，使抛光织物保持一定湿度。湿度太大会减弱抛光的磨痕作用，使试样中硬相呈现浮凸和钢中非金属夹杂物及铸铁中石墨相产生“曳尾”现象；湿度太小时，由于摩擦生热会使试样升温，润滑作用减小，磨面失去光泽，甚至出现黑斑，轻合金则会抛伤表面。为了达到粗抛的目的，要求转盘转速较低，最好不要超过 600 r/min。抛光时间应当比去掉划痕所需的时间长些，因为还要去掉变形层。粗抛后磨面光滑，但黯淡无光，在显微镜下观察有均匀细致的磨痕，有待精抛消除。精抛时，转盘速度可适当提高，抛光时间以抛掉粗抛的损伤层为宜。精抛后磨面明亮如镜，在显微镜明视场条件下看不到划痕，但在相衬照明条件下则仍可见磨痕。

7. 美工刀

美工刀也俗称刻刀，主要用来切割质地较软的东西，多由塑料刀柄和刀片两部分组成，为抽拉式结构，见图 2-8。美工刀也有少数为金属刀柄，刀片多为斜口，用钝刀锋可顺片身的划线折断，出现新的刀锋，方便使用。美工刀有多种型号。

使用方法：美工刀正常使用时通常只使用刀尖部分切割。由于刀身很脆，使用时不能伸出过长的刀身。另外，刀身的硬度和耐久（美工刀里这是两个概念）也因为刀身质地不同而有差别。刀柄的选用应该根据手型来挑选，握刀手势通常会在包装背后有说明。

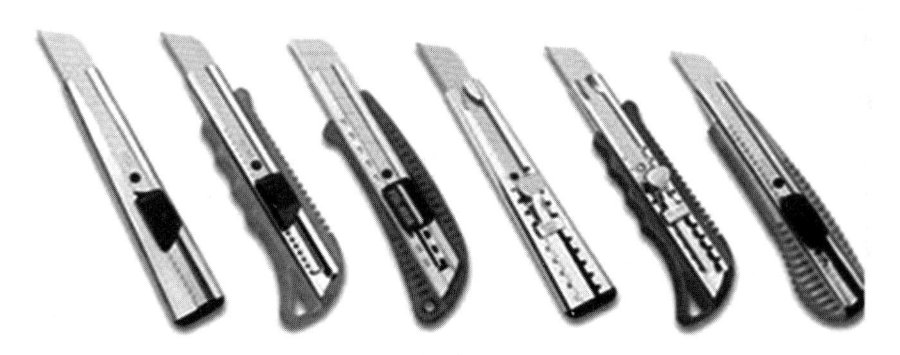

图 2-8　美工刀

注意事项：

很多美工刀为了方便折断，都会在折线工艺上做处理，但是这些处理对于惯用左手的人来说可能会比较危险，使用时应多加小心。不要认为美工刀脆弱，如果使用不正确，美工刀同样可以致命，因此在使用过程中，务必要小心。

被美工刀划伤后的处理：

（1）消毒。常备的消毒棉棒此时就派上用场了，创口未消毒直接包扎可能会因此而导致伤口恶化。

（2）止血包扎。伤口消毒之后应对其作包扎处理。

（3）若伤口有任何异常，一定要及时就医。

8. 电工刀

电工刀是电工常用的一种切削工具，见图2-9。普通的电工刀由刀片、刀刃、刀把、刀挂等构成。不用时，把刀片收缩到刀把内。刀片根部与刀柄相铰接，上面有刻度线和刻度标志，前端形成有螺丝刀刀头，两面加工有锉刀面区域。刀刃上有一段内凹形弯刀口，弯刀口末端形成刀口尖，刀柄上设有防止刀片退弹的保护钮。电工刀的刀片汇集多项功能，使用时只需一把电工刀便可完成连接导线的各项操作，无须携带其他工具，具有结构简单、使用方便和功能多样等特点。

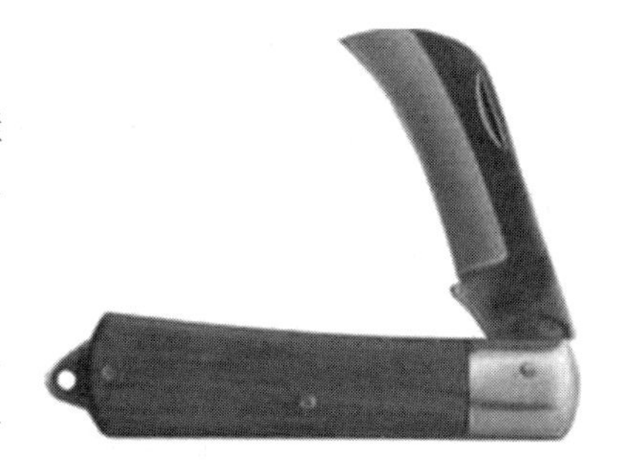

图2-9　电工刀

使用方法：

电线、电缆的接头处常使用塑料或橡皮带等加强绝缘，这种绝缘材料可用多功能电工刀的剪子将其剪断。用电工刀剖削电线绝缘层时，可把刀略微翘起一些，用刀刃的圆角抵住线芯，见图2-10。切忌把刀刃垂直对着导线切割绝缘层，因为这样容易割伤电线线芯。导线接头之前，应把导线上的绝缘剥除。用电工刀切剥时，一定不要使加伤到芯线。常用的剥削方法有级段剥落和斜削法剥削。电工刀的刀刃部分磨得不可太锋利，太锋利容易削伤线芯；磨得太钝，则无法剥削绝缘层。

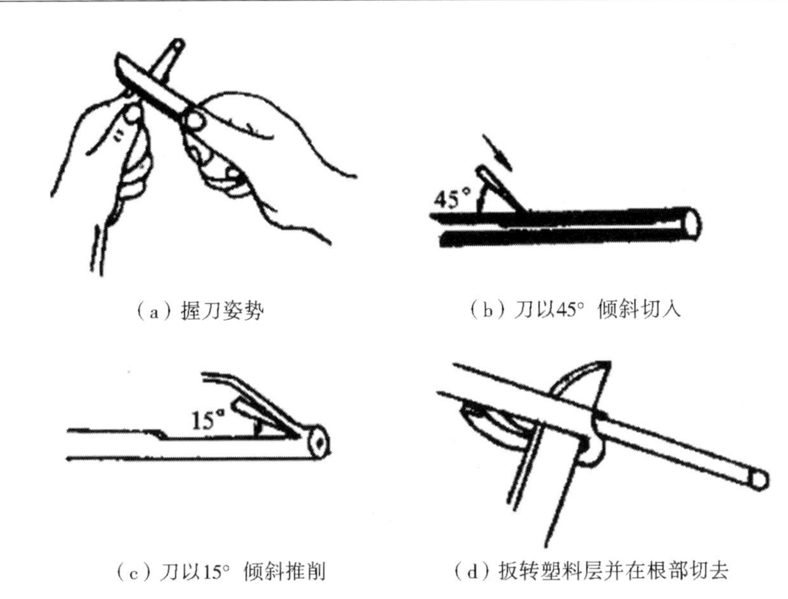

（a）握刀姿势　　（b）刀以45° 倾斜切入

（c）刀以15° 倾斜推削　　（d）扳转塑料层并在根部切去

图 2-10　电工刀剥削导线

注意事项：

（1）不得用于带电作业，以免触电。

（2）使用时刀口朝外剥削，注意避免伤及手指。

（3）剥削导线绝缘层时，应使刀面放平，以免割伤导线。

9. 套筒

套筒是套筒扳手的简称，是上紧或卸松螺丝的一种专用工具，见图 2-11。它由数个内菱型的套筒和一个或几个套筒的手柄构成，套筒的内六棱根据螺栓的型号依次排列，可以根据需要选用。套筒特别适用于拧转地位十分狭小或凹陷很深处的螺栓或螺母。

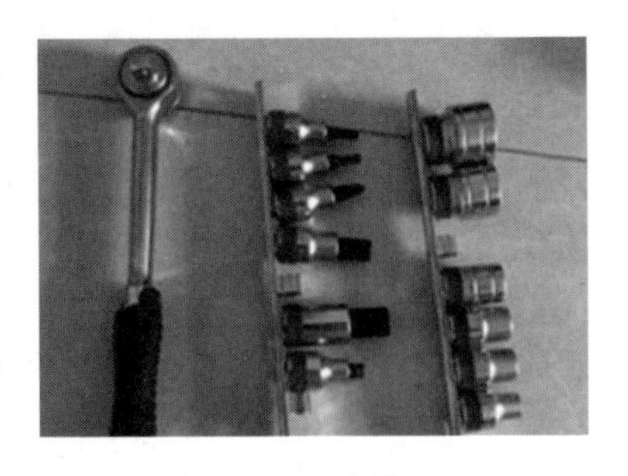

图 2-11　套筒

使用中根据工作状态装上不同手柄和套筒后，可以很轻松地拆下并更换螺栓和螺母。这种工具利用一套套筒扳手夹持住螺栓和螺母，将其拆下或更换，见图2-12。套筒的规格如下所示。

（1）套筒尺寸。套筒有各种大小尺寸，大的可以获得比小的更大的扭矩。

（2）套筒深度。套筒有两种类型——标准的和深的，后者比标准的深 2~3 倍。

（3）钳口。套筒的钳口有两种类型，六角型和双六角型（十二角型）。六角型的套筒与螺栓螺母的表面有很大的接触面，这样就不容易损坏螺栓螺母的表面。双六角的套筒可以提供更多的角度选择。

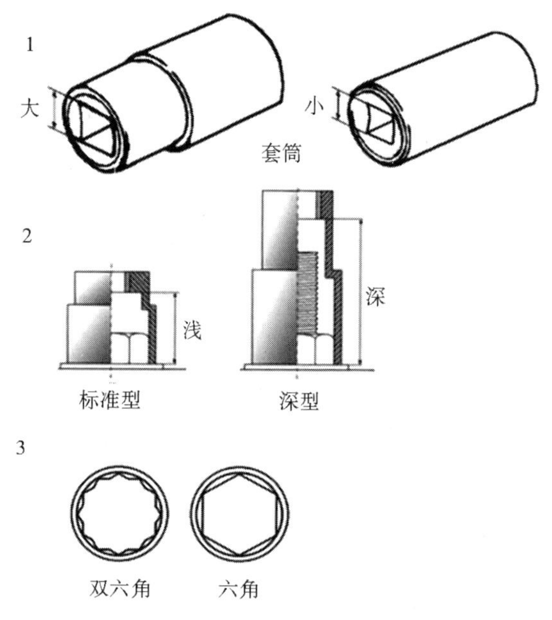

图 2-12　套筒说明

万向节可以配合套筒扳手使用，它可以改变旋转角度，满足一些特殊空间的使用需求，见图 2-13。套筒的方形套头部分可以前后或左右移动，手柄和套筒扳手之间的角度可以自由变化，使其成为在有限空间内工作的有用工具。

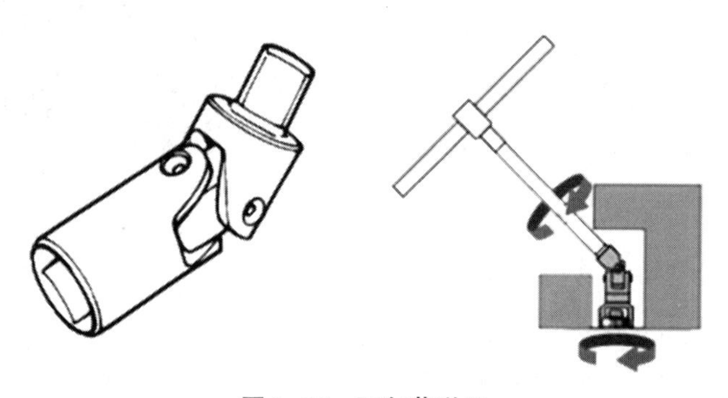

图 2-13　万向节说明

注意事项：

（1）不要使手柄倾斜较大角度来施加扭矩，见图 2-14。

（2）不要将万向节与风动工具配合使用。球节由于不能吸收旋转摆动而脱开，并造成工具和零件损坏。

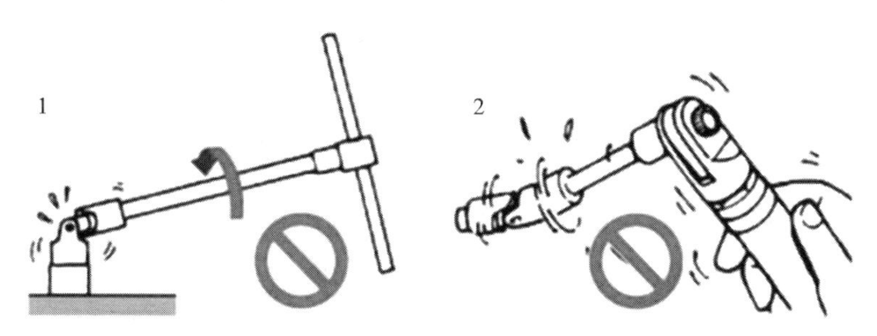

图 2-14　万向节注意事项

加长杆可以用于拆装装得太深而不易接触的螺栓或螺母，也可用于将工具抬离平面一定的高度，便于使用，且可以保护手部不受伤害（图 2-15）。加长杆有不同的长度，以满足不同需求。加长杆也有粗细的区别，以配合套筒的大小。

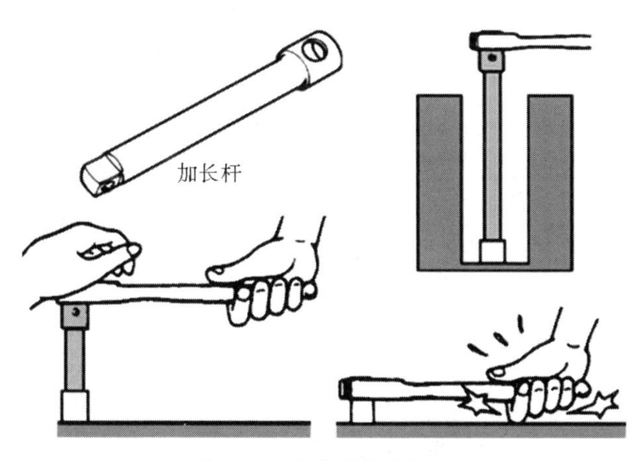

图 2-15　加强杆注意事项

10. 梅花扳手

梅花两端呈花环状，其内孔由两个正六边形相互同心错开 30°而成，图 2-16。很多梅花扳手都有弯头，常见的弯头角度为 10°~45°，从侧面看旋转螺栓部分和手柄部分是错开的。这种结构方便于拆卸装配在凹陷空间的螺栓、螺母，并可以为手指提供操作间隙，以防止擦伤。用在补充拧紧和类似操作中，梅花扳手可以对螺栓或螺母施加大扭矩。梅花扳手有各种大小，使用时要选择与螺栓或螺母大小对应的扳手。因为扳手钳口是双六角形的，可以容易地装配螺栓螺母。这可以在一个有限空间内重新安装。

在使用梅花扳手时，左手推住梅花扳手与螺栓连接处，保持梅花扳手与螺栓完全配合，防止滑脱；右手握住梅花扳手另一端并加力。梅花扳手可将螺栓、螺母的头部全部围住，因此不会损坏螺栓角，可以施加大力矩。

扳转时，严禁将加长的管子套在扳手上以延伸扳手的长度增加力矩；严禁捶击扳手以增加力矩，否则会造成工具的损坏；严禁使用带有裂纹和内孔已严重磨损的梅花扳手。

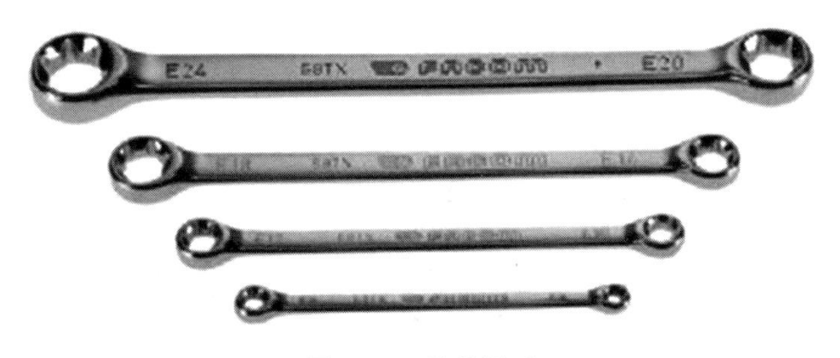

图 2–16　梅花扳手

11. 活动扳手

活动扳手简称扳手，是用来紧固和起松螺母的一种常见工具，见图 2–17。

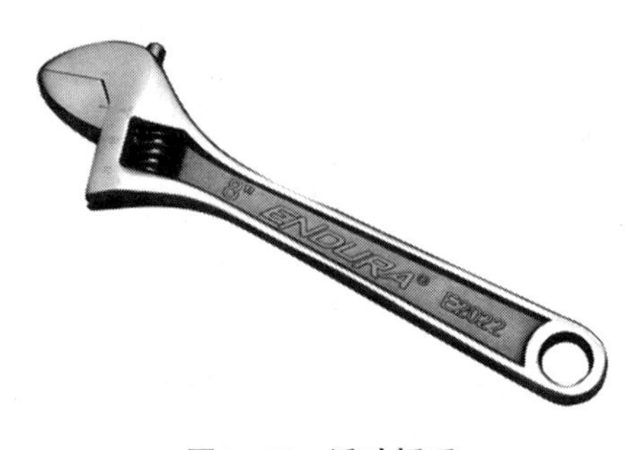

图 2–17　活动扳手

活动扳手适用于尺寸不规则的螺栓或螺母，也可以使用活动扳手压紧专用维修工具，以作相应的操作，见图 2–18。旋转活动扳手的调节螺丝可以改变孔径，所以一个活动扳手可用来代替多个开口扳手。

注意事项：

转动活动扳手的调节螺杆时，须使孔径与螺栓或螺母头部配合完好。活动扳手不适于施加大扭矩。

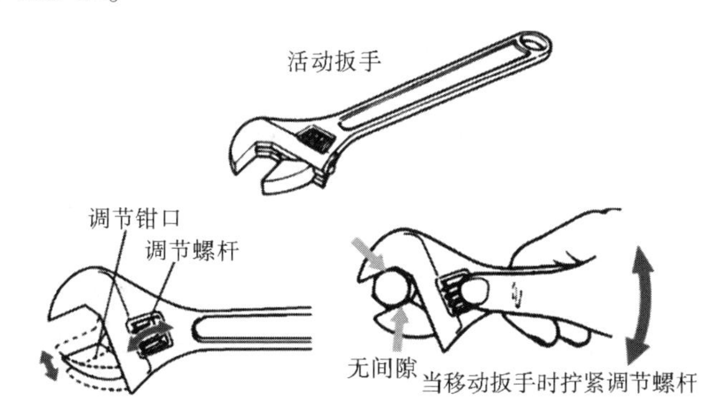

图 2–18　活动扳手使用注意事项

12. 螺丝刀

螺丝刀（端子起）俗称起子，一种用来拧转螺丝钉以迫使其就位的工具，通常有一个薄楔形头，可插入螺丝钉头的槽缝或凹口内。螺丝刀有“一”型和“十”型，使用时根据螺钉的头部形状来选择，见图 2–19。

图 2–19　螺丝刀

原理：螺丝刀用来拧螺丝钉时利用了轮轴的工作原理。当手柄越大时越省力，因此使用粗把的螺丝刀比使用细把的螺丝刀拧螺丝时更省力。

螺丝刀有各种大小型号，使用时需根据螺钉的槽的大小来定。

使用螺丝刀时，须保持螺丝刀与螺钉尾端成直线，边用力边转动，见图2–20。

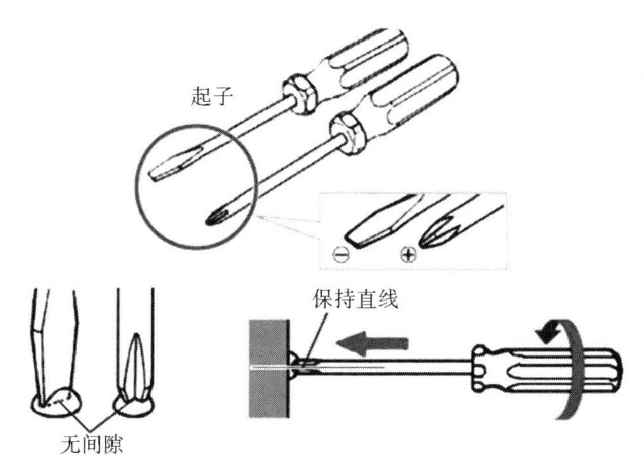

图 2–20　螺丝刀使用方法

13. 手锤

手锤一般指单手操作的锤子，由锤头、木柄和楔子（斜楔铁）组成。木柄用硬而不脆和比较坚韧的木材制成，如檀木等。手握处的断面应为椭圆形，以便锤头定向和准确敲击。木柄安装在锤头中，必须稳固可靠，孔做成椭圆形，且两端大、中间小。锤柄的粗细和强度要适当，要和锤头大小相称。楔子木柄敲紧装入锤孔后，再在端部打入带倒刺的铁楔子，用楔子楔紧，就不易松动，可以防止锤头脱落造成事故。

图 2–21　手锤

手锤的握法分紧握法和松握法两种，见图 2–22。

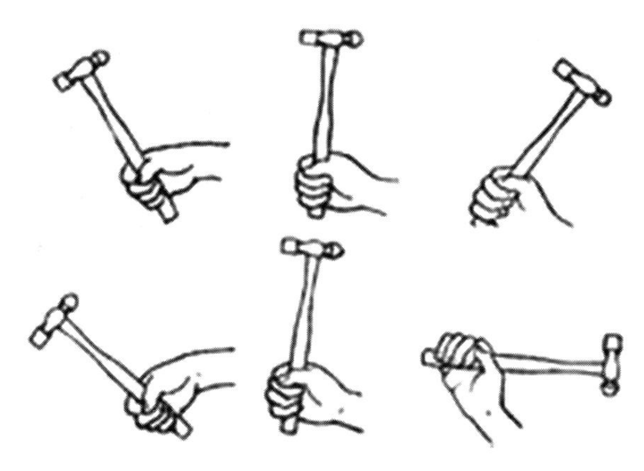

图 2-22　握锤方法

（1）紧握法。紧握法用右手五指紧握锤柄，大拇指合在食指上，虎口对准锤头方向（木柄椭圆的长轴方向），木柄尾端露出 15~30 mm。在挥锤和锤击过程中，五指始终紧握。

（2）松握法。松握法只用大拇指和食指始终握紧锤柄。在挥锤时，小指、无名指和中指则依次放松；在锤击时，又以相反的次序收拢握紧。这种握法的优点是手不易疲劳，且锤击力大。

使用方法：

（1）腕挥仅用手腕的动作进行锤击运动，采用紧握法握锤。一般用于錾削余量较小或錾削开始或结尾。在油槽錾削中，采用腕挥法锤击，锤击力量均匀，使錾出的油槽深浅一致，槽面光滑。

（2）肘挥是手腕与肘部一起挥动作锤击运动，采用松握法握锤，因挥动幅度较大，故锤击力也较大，这种方法应用最多。

（3）臂挥是用手腕、肘和全臂一起挥动，其锤击力最大，多用于强力錾切。

挥锤要点是准、稳、狠。准就是命中率要高；稳就是速度节奏为 40 次/min；狠就是锤击要有力。

14. 尖嘴钳

尖嘴钳的钳柄上套有额定电压 500 V 的绝缘套管，是一种常用的钳形工具，见图 2-23。它主要用来剪切线径较细的单股与多股线，以及给单股 导线接头弯圈、剥塑料绝缘层等。尖嘴钳能在较狭小的工作空间操作，不带刃口的只能夹捏工作，带刃口的能剪切细小零件。它是电工（尤其是内线器材等装配及修理工作）常用工具之一。

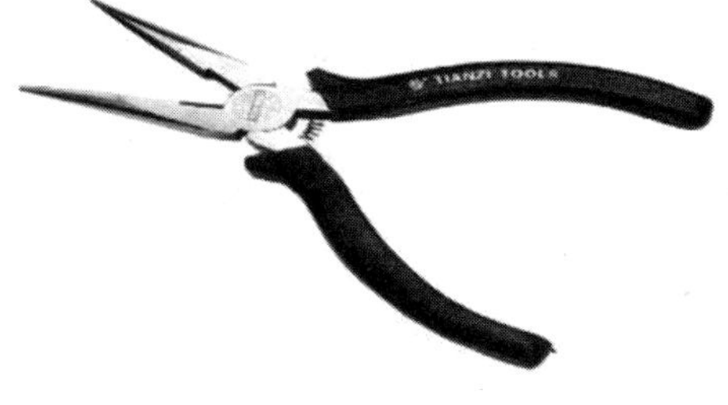

图 2-23　尖嘴钳

工作原理：尖嘴钳是一种运用杠杆原理的典型工具之一。

使用方法：一般用右手操作。使用时，握住尖嘴钳的两个手柄，开始夹持或剪切工作，见图 2-24。

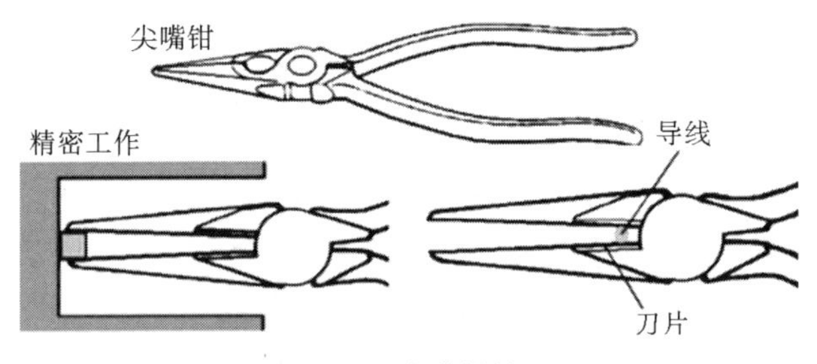

图 2-24　尖嘴钳使用

维护保养：不用尖嘴钳时，应在其表面涂上润滑防锈油，以免生锈或者支点发涩。

注意事项：

使用时，刃口不要对向自己，使用完将其放回原处。要将尖嘴钳放置在儿童不易接触的地方，以免受到伤害。切勿对钳子头部施加过大的压力，使其不能用以做精密工作（图 2-25）。

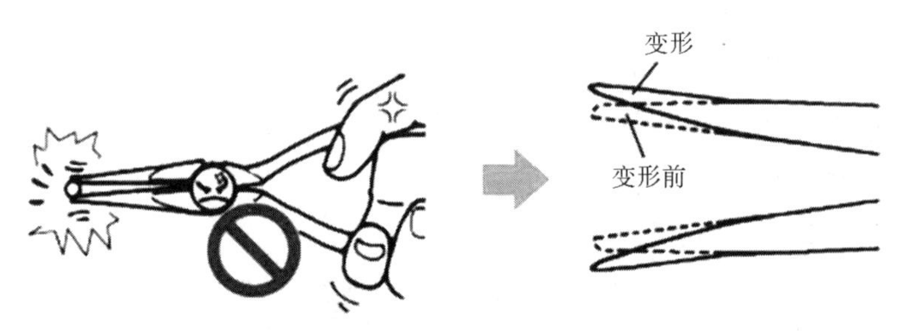

图 2-25　注意事项

二、相关仪器设备使用、维护保养知识

（一）万用表

万用表是一种带有整流器，可以测量交流电流、直流电流、电压和电阻等多种电学参量的磁电式仪表。对于每一种电学量，一般都有几个量程。它又称多用电表。万用表是由磁电系电流表（表头）、测量电路和选择开关等组成的。通过选择开关的变换，可方便地对多种电学参量进行测量。其电路计算的主要依据是闭合电路欧姆定律。万用表种类很多，使用时应根据不同的要求进行选择。万用表由表头、测量电路和转换开关等三个主要部分组成。

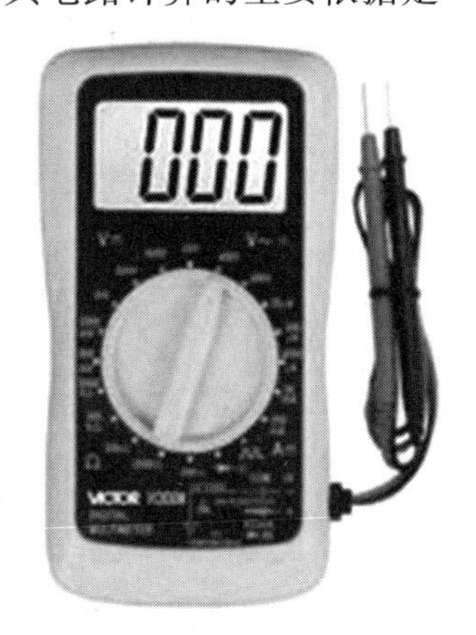

图 2-26　万用表

1. 万用表的基本功能

万用表不仅可以用来测量被测量物体的电阻、交直流电压，还可以测量直流电压。甚至有的万用表还可以测量晶体管的主要参数和电容器的电容量等。充分熟练掌握万用表的使用方法是电子技术的最基本技能之一。常见的万用表有指针式万用表和数字式万用表。指针式万用表是一表头为核心部件的多功能测量仪表，测量值由表头指针指示读取。数字式万用表的测量值由液晶显示屏直接以数字的形式显示，读取方便，有些还带有语音提示功能。万用表是集电压表、电流表和欧姆表于一体的仪表。

万用表的直流电流挡是多量程的直流电压表。表头并联闭路式分压电阻即可扩大其电压量程。万用表的直流电压挡是多量程的直流电压表。表头串联分压电阻即可扩大其电压量程。分压电阻不同，相应的量程也不同。万用表的表头为磁电系测量机构，它只能通过直流，利用二极管将交流变为直流，从而实现交流电的测量。

2. 万用表的工作原理

万用表的基本原理是利用一只灵敏的磁电式直流电流表（微安表）做表头。当微小电流通过表头，就会有电流指示。但表头不能通过大电流，所以必须在表头上

并联与串联一些电阻进行分流或降压，从而测出电路中的电流、电压和电阻。

使用方法：

（1）使用前，应熟悉万用表各项功能。根据被测量的对象，正确选用挡位、量程和表笔插孔。

（2）在对被测数据大小不明时，应先将量程开关置于最大值，而后由大量程往小量程挡处切换，使仪表指针指示在满刻度的1/2以上处即可。

（3）测量电阻时，在选择了适当倍率挡后，将两表笔相碰使指针指在零位，如指针偏离零位，应调节“调零”旋钮，使指针归零，以保证测量结果准确。如不能调零或数显表发出低电压报警，应及时检查。

（4）在测量某电路电阻时，必须切断被测电路的电源，不得带电测量。

（5）使用万用表进行测量时，要注意人身和仪表设备的安全。测试中不得用手触摸表笔的金属部分，不允许带电切换档位开关，以确保测量准确，避免发生触电和烧毁仪表等事故。

维护保养：

（1）在使用万用表之前，应先进行“机械调零”，即在没有被测电量时，使万用表指针指在零电压或零电流的位置上。

（2）在使用万用表过程中，不能用手去接触表笔的金属部分。这样一方面可以保证测量的准确，另一方面也可以保证人身安全。

（3）在测量某一电量时，不能在测量的同时换挡，尤其是在测量高电压或大电流时，更应注意，否则会使万用表毁坏。如需换挡，应先断开表笔，换挡后再去测量。

（4）万用表在使用时，必须水平放置，以免造成误差。同时，还要注意到避免外界磁场对万用表的影响。

（5）万用表使用完毕，应将转换开关置于交流电压的最大挡。如果长期不使用，还应将万用表内部的电池取出来，以免电池腐蚀表内其他器件。

（二）兆欧表

兆欧表又称摇表，它的刻度是以兆欧（MΩ）为单位的。兆欧表由中大规模集成电路组成具有输出功率大，短路电流值高，输出电压等级多。它适用于测量各种绝缘材料的电阻值及变压器、电机、电缆和电器设备等的绝缘电阻。

兆欧表由中大规模集成电路组成。其工作原理为，由机内电池作为电源经 DC/DC 变换产生的直流高压由 E 极出经被测试品到达 L 极，从而产生一个从 E 极到 L 极的电流，再经过 I/V 变换经除法器完成运算，直接将被测的绝缘电阻值通过指针显示出来。

图 2-27　兆欧表

特点：

(1) 输出功率大、带载能力强，抗干扰能力强。

(2) 一般外壳由高强度铝合金组成，机内设有等电位保护环和四阶有源低通滤波器，对外界工频及强电磁场可起到有效的屏蔽作用。对容性试品测量由于输出短路电流大于 1.6 mA，很容易使测试电压迅速上升到输出电压的额定值。对于低阻值测量，采用比例法设计，使电压下落并不影响测试精度。

(3) 本表输出短路电流可直接测量，不用带载测量进行估算。

使用方法：

(1) 测量前，必须将被测设备电源切断，并对地短路放电。决不能让设备带电进行测量，以保证人身和设备的安全。对可能感应出高压电的设备，必须消除这种可能性后，才能进行测量。

(2) 清洁被测物表面，以减少接触电阻，确保测量结果的正确性。

(3) 测量前应将兆欧表进行一次开路和短路试验，检查兆欧表是否良好。即在兆欧表未接上被测物之前，摇动手柄使发电机达到额定转速（120 r/min），观察指针是否指在标尺的“∞”位置。将接线柱“线（L）和地（E）”短接，缓慢摇动手柄，观察指针是否指在标尺的“0”位。如指针不能指到该指的位置，则表明兆欧表有故障，应检修后再用。

(4) 兆欧表使用时应放在平稳、牢固的地方，且远离大的外电流导体和外磁场。

(5) 必须正确接线。

(6) 摇测时，将兆欧表置于水平位置。摇把转动时，其端钮间不许短路。摇动手柄应由慢渐快，若发现指针指零说明被测绝缘物可能发生了短路，这时就不能继续摇动手柄，以防表内线圈发热损坏。

（7）读数完毕，将被测设备放电。放电方法是将测量时使用的地线从兆欧表上取下来与被测设备短接一下即可（不是兆欧表放电）。

规定兆欧表的电压等级应高于被测物的绝缘电压等级，所以测量额定电压在500 V以下的设备或线路的绝缘电阻时，可选用500 MΩ或1000 MΩ量程的兆欧表；测量额定电压在500 V以上的设备或线路的绝缘电阻时，应选用1000~2500 MΩ量程的兆欧表；测量绝缘子时，应选用2500~5000 MΩ量程的兆欧表。在一般情况下，测量低压电气设备绝缘电阻时可选用0~200 MΩ量程的兆欧表。

维护保养：

测量前，要先切断被测设备的电源，并将设备的导电部分与大地接通，进行充分放电，以保证安全。用数字兆欧表测量过的电气设备，也要及时接地放电，方可进行再次测量。测量前，要先检查数字兆欧表是否完好，即在数字兆欧表未接上被测物之前，打开电源开关，检测数字兆欧表电池情况。如果数字兆欧表电池欠压，应及时更换电池，否则测量数据不可取。将测试线插入接线柱“线（L）和地（E）”，选择测试电压，断开测试线，按下测试按键，观察数字是否显示无穷大。将接线柱“线（L）和地（E）”短接，按下测试按键，观察是否显示“0”。如液晶屏不显示“0”，表明数字兆欧表有故障，应检修后再用。必须正确接线，数字兆欧表上一般有三个接线柱，分别标有L（线路）、E（接地）和G（屏蔽）。其中，L接在被测物和大地绝缘的导体部分，E接被测物的外壳或大地，G接在被测物的屏蔽上或不需要测量的部分。接线柱G是用来屏蔽表面电流的。如测量电缆的绝缘电阻时，由于绝缘材料表面存在漏电电流，将使测量结果不准，尤其是在湿度很大的场合及电缆绝缘表面又不干净的情况下，会使测量误差很大。为避免表面电流的影响，在被测物的表面加一个金属屏蔽环，与数字兆欧表的“屏蔽”接线柱相连。这样，表面漏电流I_B从发电机正极出发，经接线柱G流回发电机负极而构成回路。I_B不再经过兆欧表的测量机构，因此从根本上消除了表面漏电流的影响。接线柱与被测设备间连接的导线不能用双股绝缘线或绞线，应该用单股线分开单独连接，避免因绞线绝缘不良而引起误差。为获得准确的测量结果，被测设备的表面应用干净的布或棉纱擦拭干净。测量具有大电容设备的绝缘电阻，读数后不能立即断开兆欧表，否则已被充电的电容器将对兆欧表放电，有可能烧坏兆欧表。在读数后，应首先断开测试线，然后再停止测试。在兆欧表和被测物充分放电以前，不能用手触及被试设备的导电部分。测量设备的绝缘电阻时，还应记下测量时的温度、湿度和被试物的有关状况等，以便于对测量结果进行分析。

注意事项：

(1) 禁止在雷电时或高压设备附近测绝缘电阻。只能在设备不带电，也没有感应电的情况下测量。

(2) 在摇测过程中，被测设备上不能有人工作。

(3) 兆欧表线不能绞在一起，要分开。

(4) 兆欧表未停止转动之前或被测设备未放电之前，严禁用手触及。拆线时，也不要触及引线的金属部分。

(5) 测量结束时，对于大电容设备要放电。

(6) 兆欧表接线柱引出的测量软线绝缘应良好，两根导线之间和导线与地之间应保持适当距离，以免影响测量精度。

(7) 为了防止被测设备表面泄漏电阻，使用兆欧表时，应将被测设备的中间层（如电缆壳芯之间的内层绝缘物）接于保护环。

(8) 要定期校验其准确度。

（三）相序表

相序表是用来控制三相电源的相序的，见图 2-18。当相序对了，相序表的继电器就吸合；如果相序不对，相序表的继电器就不吸合。相序表可检测工业用电中出现的缺相、逆相、三相电压不平衡、过电压和欠电压五种故障现象，并及时将用电设备断开，起到保护作用。

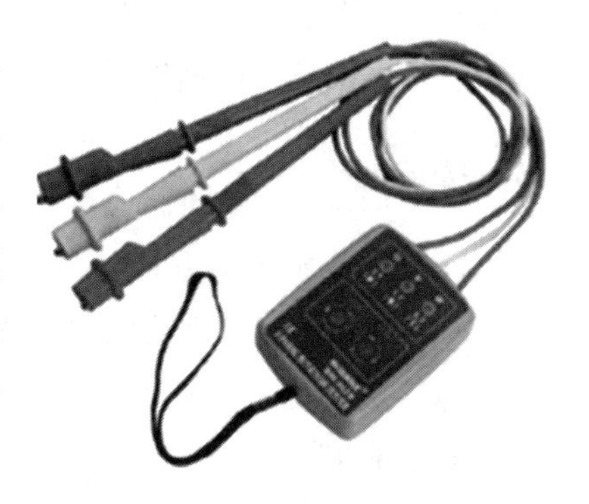

图 2-28　相序表

核对相序的目的主要是对二路不同的电源，进行相序核对。如果相序不对，合环肯定是短路的，相序是合环的必备条件；还有一种就是保护用，如果二路电源相序不对，容易造成保护误动或是采集信号相角有误差，这也是发电机并网前要用同步表，即并网的条件相序一致、频率要一致的原因。

使用方法：传统的相序测量方法是将三相电线的接线柱拨开，将相序表的三个裸露鳄鱼夹或测试针连接到裸露的三条火线上。而随着技术的更新，现在采用钳形非接触检相器测量，不用拨开电线，无须接触高压裸露火线，直接将三个超感应高绝缘钳夹分别夹住三相火线的绝缘外皮即可检测线路相序。

（四）验电器

1. 低压验电器

它是用来检验对地电压在 250 V 及以下的低压电气设备的，常用的低压验电器是验电笔，又称试电笔，是一种电工工具。它主要由工作触头、降压电阻、氖泡和弹簧等部件组成。这种验电器是利用电流通过验电器、人体、大地形成回路，其漏电电流使氖泡起辉发光而工作的。只要带电体与大地之间电位差超过一定数值（36 V 以下），验电器就会发出辉光；低于这个数值，就不发光，并以此来判断低压电气设备是否带有电压。

低压验电笔除主要用来检查低压电气设备和线路外，还可区分相线与零线，交流电与直流电以及电压的高低。通常氖泡发光者为火线，不亮者为零线。但中性点发生位移时要注意，此时的零线同样也会使氖泡发光；对于交流电通过氖泡时，氖泡两极均发光，直流电通过的，仅有一个电极附近发亮；当用来判断电压高低时，氖泡暗红轻微亮时，电压低；氖泡发黄红色，亮度强时电压高。

注意事项：

（1）使用试电笔之前，首先要检查试电笔里有无安全电阻，再直观检查试电笔是否有损坏，有无受潮或进水现象。经检查合格后，才能使用。

（2）使用试电笔时，不能用手触及试电笔前端的金属探头，这样做会造成人身触电事故。

（3）使用试电笔时，一定要用手触及试电笔尾端的金属部分；否则因带电体、试电笔、人体和大地没有形成回路，试电笔中的氖泡不会发光，造成误判，认为带电体不带电，这是十分危险的。

（4）在测量电气设备是否带电之前，先要找一个已知电源测一测试电笔的氖泡能否正常发光只有能正常发光，才能使用。

(5) 在明亮的光线下测试带电体时，应特别注意氖泡是否真的发光（或不发光）。必要时，可用另一只手遮挡光线仔细判别。千万不要造成误判，将氖泡发光判断为不发光，而将有电判断为无电。

2. 高压验电器

高压验电器，由电子集成电路制成的，具有声光提示，性能稳定、可靠，具有全电路自检功能和抗干扰性强等特点。见图 2-29。

高压验电器主要用来检验设备对地电压在 250 V 以上的高压电气设备。它通过检测流过验电器对地杂散电容中的电流，检验设备和线路是否带电的装置。目前，广泛采用的有发光型、声光 型和风车式三种类型。高压验电器一般都由检测部分（指示器部分或风车）、绝缘部分和握手部分三大部分组成。绝缘部分是指自指示器下部金属衔接螺丝起至罩护环的部分，握手部分是指罩护环以下的部分。其中，绝缘部分、握手部分根据电压等级的不同，其长度也不相同。

使用方法：

图 2-29　高压验电器

在使用高压验电笔验电前，一定要认真阅读使用说明书，检查一下试验是否超周期，外表是否有损坏和破伤。例如，GDY 型高压验电器在从包中取出时，首先应观察电转指示器叶片是否有脱轴现象，警报是否发出音响，脱轴者不得使用；然后将电转指示器在手中轻轻摇晃，其叶片应稍有摆动，则证明性能良好；然后检查报警部分，证明音响良好。对于 GSY 型系列高压声光型验电器在操作前应对指示器进行自检试验，才能将指示器旋转固定在操作杆上，并将操作杆拉伸至规定长度，再作一次自检后才能进行。

使用验电器时，必须注意其额定电压和被检验电气设备的电压等级相适应，否则可能会危及验电操作人员的人身安全或造成误判断。验电时，操作人员应戴绝缘手套，手握在罩护环以下的握手部位。先在有电设备上进行检验，检验时，应渐渐将验电器移近带电设备至发光或发声时止，以确认验电器性能完好。有自检系统的验电器应先揿动自检钮确认验电器完好。然后再在需要进行验电的设备上检测。检测时，也应渐渐将验电器移近待测设备，直至触及设备导电部位。此过程若一直无声光指示，则可判定该设备不带电；反之，如在移近过程中突然发光或发声，即认为该设备带电，应立即停止移近，结束验电。另外，风车型验电器只适用于户内或户外良好天气下使用，在雨雪等环境下，禁止使用。

注意事项：

(1) 用高压验电器进行测试时，必须戴上符合要求的绝缘手套。不可一个人单独测试，身旁必须有人监护。测试时，要防止发生相间或对地短路事故；人体与带电体应保持足够的安全距离，10 kV 高压的安全距离为 0.7 m 以上。室外使用时，天气必须良好。在雨、雪、雾和湿度较大的天气中，不宜使用普通绝缘杆的类型，以防发生危险。

(2) 使用前，要按所测设备（线路）的电压等级将绝缘棒拉伸至规定长度，选用合适型号的指示器和绝缘棒，并对指示器进行检查。投入使用的高压验电器必须是经电气试验合格的。

(3) 对回转式高压验电器，使用前，应把检验过的指示器旋接在绝缘棒上固定，并用绸布将其表面擦拭干净。然后转动至所需角度，以便使用时观察方便。

(4) 对电容式高压验电器，绝缘棒上标有红线。红线以上部分表示内有电容元件，且属带电部分。该部分要按《电业安全工作规程》的要求与邻近导体或接地体保持必要的安全距离。

(5) 使用时，应特别注意手握部位不得超过护环，如图 2-30 所示。

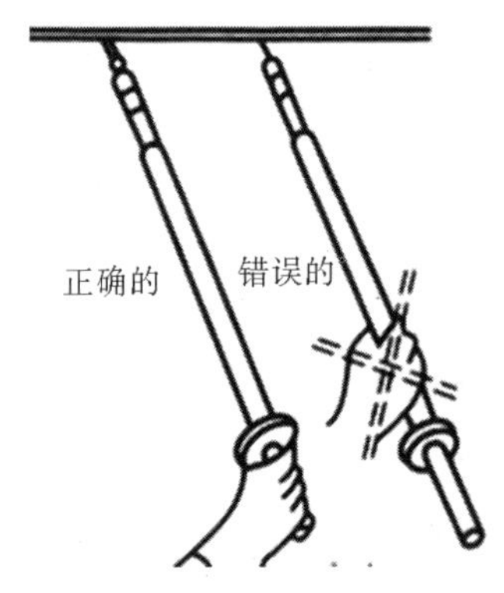

图 2-30　高压验电器使用方法图解

(6) 用回转式高压验电器时，指示器的金属触头应逐渐靠近被测设备（或导线）。一旦指示器叶片开始正常回转，则说明该设备有电，应随即离开被测设备。叶片不能长期回转，以保证验电器的使用寿命。当电缆或电容上存在残余电荷电压时，指示器叶片会短时缓慢转几圈，而后自行停转，因此它可以准确鉴别设备是否停电。

（7）对线路的验电应逐相进行，对联络用的断路器或隔离开关或其他检修设备验电时，应在其进出线两侧各相分别验电。对同杆塔架设的多层电力线路进行验电时，先验低压、后验高压，先验下层、后验上层。

（8）在电容器组上验电应待其放电完毕后再进行。

（9）每次使用完毕，在收缩绝缘棒及取下回转指示器放入包装袋之前，应将表面尘埃擦拭干净，并将其存放在干燥通风的地方，以免受潮。回转指示器应妥善保管，不得使其受到强烈振动或冲击，也不准擅自对其进行调整拆装。

（10）为保证使用安全，验电器应每半年进行一次预防性电气试验。

（五）接地电阻测试仪

接地电阻测试仪是检验测量接地电阻的常用仪表，也是电气安全检查与接地工程竣工验收不可缺少的工具。近年来，由于计算机技术的飞速发展，因此接地电阻测试仪也渗透了大量的微处理机技术，其测量功能、内容与精度是一般仪器所不能相比的。目前，先进接地电阻测试仪能满足所有接地测量要求。一台功能强大的接地电阻测试仪均由微处理器控制，可自动检测各接口连接状况及地网的干扰电压、干扰频率，并具有数值保持及智能提示等独特功能。

钳形接地电阻测试仪在测量有回路的接地系统时，不需断开接地引下线，不需辅助电极，安全快速、使用简便。见图 2-31。钳形接地电阻测试仪能测量出用老式按地电阻测试仪无法测量的接地故障（图 2-32），能应用于传统方法无法测量的场合，因为钳形接地电阻测试仪测量的是接地体电阻和接地引线电阻的综合值。钳形接地电阻测试仪有长钳口及圆钳口之分。长钳口特别适宜于扁钢接地的场合。

图 2-31　钳形接地电阻测试仪

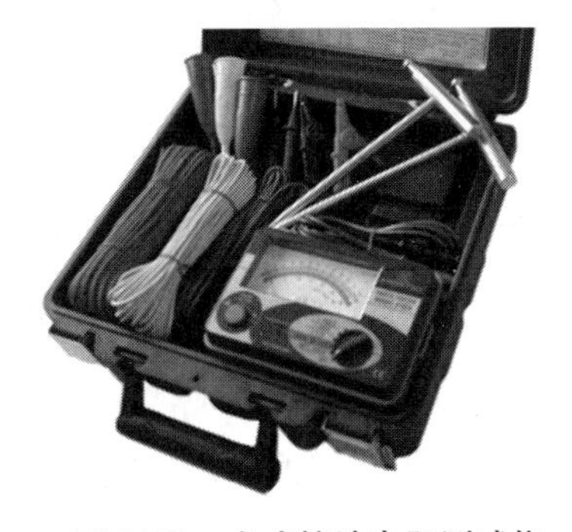

图 2-32　老式接地电阻测试仪

1. 测量原理

（1）电阻测量原理。钳形接地电阻测试仪测量接地电阻的基本原理是测量回路电阻。钳表的钳口部分由电压线圈和电流线圈组成。电压线圈提供激励信号，并在被测回路上感应一个电势 E。在电势 E 的作用下将在被测回路产生电流 I。钳表对 E 及 I 进行测量，并通过公式即可得到被测电阻 R。

（2）电流测量原理。钳形接地电阻测试仪测量电流的基本原理与电流互感器的测量原理相同。被测量导线的交流电流 I，通过钳口的电流磁环及电流线圈产生一个感应电流 I_1。钳表对 I_1 进行测量，通过公式即可得到被测电流 I。

2. 钳形接地电阻测试仪的优点

（1）操作的简便性。传统方法必须将接地线解扣并打辅助接地极，即将被测的接地极从接地系统中分离。此外，还要将电压极及电流极按规定的距离打入土壤中作为辅助电极才能进行测量。

用钳式接地电阻测试仪只须将钳表的钳口钳绕被测接地线，即可从液晶屏上读出接地电阻值。

（2）测量的准确度。传统测量方法的准确度取决于辅助电极之间的位置，以及它们与接地体之间相对位置。如果辅助电极的位置受到限制，不能符合计算值，则会带来所谓布极误差。

对于同一个接地体，不同的辅助电极位置，可能会使测量结果有一定程度的分散性，而这种分散性会降低测量结果的可信性。

钳式接地电阻测试仪测量时不用辅助电极，不存在布极误差。重复测试时，结果的一致性好。

（3）对环境的适应性。传统方法必须要打入两个有相对位置要求的辅助电极，这是使用传统方法的最大限制。

随着我国城市化的发展，使得被测接地体周围找不到土壤，它们全被水泥覆盖。即便有所谓绿化带、街心花园等，它们的土壤也往往与大地的土壤分开了。更何况传统方法打辅助电极时对辅助电极的相对位置有要求。要找到有距离要求的土壤，在大多数情况下是困难的。

而使用钳式接地电阻测试仪时，就没有这些限制。虽然从测量原理来说，钳式接地电阻测试仪必须用于有接地环路的情况下，但是只要使用者能有效地利用周围环境，钳式接地电阻测试仪完全可以测量单点接地系统。

(4) 其他。在某些场合下，钳式接地电阻测试仪能测量出用传统方法无法测量的接地故障。

例如，在多点接地系统中，接地体的接地电极虽然合格，但接体到架空地线间的连接线有可能使用日久后接触电阻过大甚至短路。尽管其接地体的接地电阻符合要求，但接地系统是不合格的。对于这种情形，用传统方法是测量不出的。用钳式接地电阻测试仪则能正确测出，是因为钳式接地电阻测试仪测量的是接地体电阻和线路电阻的综合值。

使用方法：

开机前，扣压扳机一两次，确保钳口闭合良好。

按 POWER 键，进入开机状态。首先，自动测试液晶显示器，其符号全部显示。然后开始自检，自检完成，自动进入电阻测量模式。注意在自检过程中，不要扣压扳机，不能张开钳口，不能钳任何导线。要保持钳表的自然静止状态，不能翻转钳表，不能对钳口施加外力，否则不能保证测量的准确度。如果开机自检后未出现 OL，而是显示一个较大的阻值，但用测试环检测时，仍能给出正确的结果，这说明钳表仅在测大阻值时（如大于 loon）有较大误差，而在测小阻值时仍保持原有准确度。自检完成显示符号，同时还闪烁。机自检完成后，显示“OLcr”即可进行电阻测量。此时，扣压扳机，打开钳口，钳住待测回路，读取电阻值。若认为有必要，用随机的测试环检验一下，其显示值应该与测试环上的标称值一致。

第二节　电气接线

一、电缆外观质量要求方法

检查电缆表面有无损伤，确保其没有其他质量缺陷。查看电线表面和合格证上是否有 3C 认证标志，型号规格、额定电压、长度、制造日期、认证编号、检验、执行标准、厂名、厂址等标识是否清楚。这有利于在电缆使用过程中发生问题时能及时找到制造厂。

检查电缆的表面是否光滑平整，有无三角口、毛刺、裂纹、扭结、折叠、夹杂物、斑疤、麻坑、机械损伤和腐蚀斑点等情况。铜线的氧化程度一般金黄色为正常，淡红色为轻微氧化，表面呈深红色、蓝色、黑色时为严重氧化。导体要有一定的光泽和适度的柔软性。导体结构尺寸要符合国家标准要求。注意导体线径是否与合格证上明示的截面相符。电缆缆芯的铜单线不允许有油污。

从电缆的横截面看，电缆的整个圆周上绝缘或护套层的厚度应均匀；绝缘和护套要求表面光滑圆整、光泽均匀、不偏芯、无机械损伤、压扁；没有正常目力见到的杂物、气泡、气孔和显著颗粒；不应有粗细不均和竹节形，绝缘与导体线芯，绝缘与护套之间不得粘连。

绝缘或护套层应有一定的厚度。对有编织层的电线电缆编织应均匀，不能有显著的漏线、跳线及稀编现象。对有铠装电缆不能有钢带漏包、钢带生锈和发黑的现象。

二、电机接线图符号的意义

（一）相序

相序就是相位的顺序，是交流电的瞬时值从负值向正值变化经过零值的依次顺序。交流电力系统中有三根导线，分为 UVW 三相。在正常情况下，三相电压和电流对称，相位相差 120°。但在系统出现故障时，UVW 三相不再对称。

发电机的绕组有 U、V、W 相。在发电机装配时，每相连接到开关柜的母排上，相序从左至右是 L_1（U）、L_2（V）、L_3（W）。

在接线前，对发电机绕组对地放电、检查发电机绕组相序。通过直流电阻测试仪检查发电机绕组间阻值，来校验发电机绕组相序是否正确。确保无误后，再接线。

（二）发电机温度传感器 PT100

PT100 是电阻式温度传感器的一种，见图 2-33。它会随温度的上升而改变电阻值，如果它随温度的上升而电阻值也跟着上升就称为正电阻系数。如果它随温度的上升而电阻值反而下降就称为负电阻系数。大部分电阻式温度传感器是以金属做成的，其中以铂（Pt）做成的电阻式温度检测器，最为稳定。

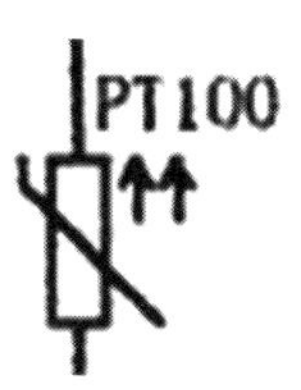

图 2-33　电阻式温度传感器符号

PT100 温度传感器是一种以铂（Pt）做成的电阻式温度传感器，属于正电阻系数。其电阻和温度变化的关系式如下：$R=R_o(1+\alpha T)$，其中 $\alpha=0.00392$，R_o 为 100 Ω（在 0℃的电阻值），T 为摄氏温度，铂做成的电阻式温度传感器，也称为 PT100。

PT100 温度传感器的主要技术参数如下所示。测量范围：−200～+850℃。允许偏差值 Δ℃：A 级，±（$0.15+0.002|t|$），B 级，±（$0.30+0.005|t|$）。热响应时间<30 s，最小置入深度：热电阻的最小置入深度≥200 mm，允通电流≤5 mA。另外，PT100 温度传感器还具有抗振动、稳定性好、准确度高和耐高压等优点。

它在标准大气压下，0℃时的阻值为 100 Ω。随着温度的升高，其阻值呈线性增加。参考经验公式为：

$$R=100+0.396\times t$$

式中　R——PT100 阻值（Ω）；

　　t——当前温度（℃）。

如果在当前温度下，所测得阻值与计算出的阻值偏差超过 1 Ω 时，则应考虑更换温度传感器。

思考题：

1. 列举几种发电机装配工作中常使用的工具。（至少六种）
2. 简述电动扳手的优点。
3. 简述相序表的使用方法。
4. 如何判断电缆的外观质量是否合格？
5. 什么是相序？相序的表示符号是什么？

第三章　电源、变流器装配

学习目的：

1. 用电压表检测 UPS 电源系统电压。
2. 将 UPS 电源系统的主机与蓄电池进行接线。

第一节　电源系统装配

一、UPS 简介

UPS（Uninterruptible Power System）即不间断电源，是一种含有储能装置，以逆变器为主要组成部分的恒压恒频的不间断电源。UPS 主要用于给单台计算机、计算机网络系统或其他电力电子设备提供不间断的电力供应。当市电输入正常时，UPS 将市电稳压后供应给负载使用，此时的 UPS 就是一台交流市电稳压器，同时它还向机内电池充电。当市电中断（事故停电）时，UPS 立即将机内电池的电能，通过逆变转换的方法向负载继续供应 220V 交流电，使负载维持正常工作并保护负载软、硬件不受损坏。UPS 设备通常对电压过大和电压过低都提供保护，又称为非在线式不间断电源（Off-Line PS），它只是“备援”性质的 UPS，市电直接供电时也为电池充电。一旦市电供电品质不稳或停电了，市电的回路会自动切断，电池的直流电会被转换成交流电接手供电任务，直到市电恢复正常，“UPS 只有在市电停电了才会介入供电”，从直流电转换交流电是方波，只限于供电给电容型负载，如电脑和监视器。

线上交错式又称为线上互动式或在线互动式（Line-Interactive UPS），其基本运作方式和离线式一样，不同之处在于，线上交错式不像在线式全程介入供电，但随时都在监视市电的供电状况。它本身具备升压和减压补偿电路，在市电的供电状况不理想时，即时校正以减少不必要的“Battery Mode”切换，延长电池寿命。

二、UPS 电源使用规程

（1）使用 UPS 电源时，务必遵守厂家的产品说明书有关规定，保证所接的火线、零线和地线符合要求，用户不得随意改变其相互顺序。例如，美国 PULSE 牌 UPS 电源的交流输入接线与中国的交流电输入插座的连接方式正好相反。

（2）严格按照正确的开机、关机顺序进行操作，避免因负载突然加上或突然减载时，UPS 电源的电压输出波动大，而使 UPS 电源无法正常工作。

（3）禁止频繁地关闭和开启 UPS 电源，一般要求在关闭 UPS 电源后，至少等待 6s 后才能开启 UPS 电源，否则 UPS 电源可能进入“启动失败”的状态，即 UPS 电源进入既无市电输出，又无逆变输出的状态。

（4）禁止超负载使用，厂家建议 UPS 电源的最大启动负载最好控制在 80% 之内。如果超载使用，在逆变状态下，时常会击穿逆变三极管。实践证明，对于绝大多数 UPS 电源而言，将其负载控制在 30%～60%额定输出功率范围内是其最佳的工作方式。

（5）定期对 UPS 电源进行维护工作，清除机内的积尘，测量蓄电池组的电压，更换不合格的电池，检查风扇运转情况及检测调节 UPS 的系统参数等。

三、UPS 电源注意事项及正常维护要点

（1）使用时，电池一定要充足电且蓄电池接线应接触良好。电压过低或不接电池时不要开启 UPS，否则有可能发生危险。

（2）每次开机前，一定要关闭 UPS 所带的全部负载。一定要在市电正常的情况下开 UPS，待 UPS 正常供电后，再让负载用电。

（3）在无市电的情况下不要开启 UPS。当市电断电后，要尽快把工作处理

好，先关闭机器，再关 UPS。UPS 关闭后，一定要等 10 秒以上再开启 UPS，以防损坏 UPS。

（4）若 UPS 长期在市电情况下工作，建议每三个月左右拔掉交流电源，使逆变器工作，让蓄电池组放电，直至其报警信号变短时，再接通外部电源。这样不但能检查蓄电池及逆变器工作是否正常，而且还可以延长蓄电池的使用寿命。

（5）UPS 的实际负载要以其功率的 70%为准，如实际功率为 700 W，应选择功率为 1000 W 的 UPS。注意负载不能是晶闸管整流电路和较大的电感电路，否则会发生危险。

（6）在电池充电时间足够的情况下，逆变器负载在 70%左右时，若 UPS 工作 2~3 个月后报警信号变得短且急促，则说明蓄电池寿命到了极限，必须更换电池。否则，不但影响工作，还可能造成其他不良后果。新电池要经过充电，才可正常使用。

（7）在 UPS 工作时，一定要有人看守。遇到市电中断时 UPS 报警，要及时关掉 UPS，否则蓄电池会因放电过量而缩短寿命，或者烧坏逆变管。

注意以上几点，UPS 一般不会出现问题，蓄电池使用寿命可达 3~5 年。

四、常见的故障及检修方法

（1）逆变管烧毁。待查出管子烧毁原因后，换上新管就可以正常工作。新管工作参数一定要符合要求，其耐压值一定要超过蓄电池电压的两倍，β 值不得低于 150，否则管压降加大，管子生热快，易再次被烧毁。

（2）蓄电池无电。蓄电池无电或电压过低，也是造成逆变管烧毁的原因。更换新电池时，注意更换的新电池型号一定要与原来的相符，电压不能高，但 A · h数可适当增大。新电池一定要连续充电 6 小时。

（3）市电正常，但 UPS 工作在逆变状态。先检查市电输入变压器绕组及保险，若无问题，可检查次级电路和负载。

（4）逻辑控制电路有故障。逻辑控制电路有问题，可按逻辑关系，参考有关脚电压及波形逐级检查。检查时，一定要把逆变管输入端的插头拔掉。这样，既可避免发生意外，又可延长蓄电池的使用寿命。

五、用电压表检测UPS电源系统电压的方法

参照UPS说明书，按照输入、输出电源接口接线，并将蓄电池与UPS连接正确。将电压表打到直流200 V挡位，电压表红色和黑色表笔分别接在UPS电源输入端和输出端上，注意区分正、负极，观察电压表显示电压值，如全部为+24V，则电压正常。

六、UPS电源系统主机与蓄电池电气连接方法

UPS电源蓄电池因为开路状态下就有直流电压，并存储一定的能量，正负极短路的电流理论上无穷大，足以让极柱融化，安装工具（如扳手）损坏，同时会打火发光。如短路回路中无易分断点，短路现象不能及时消失，则UPS电源蓄电池连接线会因长时间过流而使保护层融化，UPS电源蓄电池的极板弯曲变形，直至燃烧，造成火灾事故。在安装不规范的秀康UPS系统中，由于某种原因造成直流短路，而回路中的断路器又失效时发生的UPS电源蓄电池燃烧的事故已经屡见不鲜了。

安装UPS电源蓄电池虽很危险，但是只要保持头脑清晰、安装仔细，安装UPS电源蓄电池也是件很容易的事。安装UPS电源蓄电池的注意事项有以下几点。

（1）头脑要清晰，安装环境要清净。人要少，不要有心事。连接方案要清楚，安装时须关掉手机。不要与客户聊天，更不能边安装边回答充满好奇心的客户的问题，这样会分神，很容易出事。

（2）UPS电源蓄电池上架前要对其进行物理检查，并测量开路电压，以免返工。

（3）连接线的一端与UPS电源蓄电池相连时，另一端应进行绝缘保护或握在手心，防止搭到不该搭的地方，造成打火。

（4）连接线的一端已接好，另一端再连接时应轻轻点一下要连接的极柱，即使连错了也只是在极柱上和连线上打一点火而已，不至于酿成大祸；或者测量一下要连接的两点的压差，为零则可以连接。

（5）两人同时连接时，对应的UPS电源蓄电池组应无连接或电位关系。因为两人为同电位（或随时变成同电位，如同时接触UPS电源蓄电池架），各自连

接的 UPS 电源蓄电池如存在电位差，则 UPS 电源蓄电池和二人形成回路，可能发生电击事故。

（6）UPS 电源蓄电池组串联完毕后，UPS 电源蓄电池组的总正和总负之间电压比较高，在向 MCCB（UPS 电源蓄电池开关）连接时，每根线都应先连到 MCCB，再连到对应的 UPS 电源蓄电池端；或在 UPS 电源蓄电池组中留一断点，完成 MCCB 与 UPS 电源蓄电池组的连接后再连接断点；对于多组并联的 UPS 电源蓄电池组，应每一组都留断头，并在 MCCB 端连接后分别用万用表检测极性再将断头连接。

第二节　风电机组用变流器

一、风电机组用变流器种类、特性及区分方法

不管是小规模的风力发电系统，还是大规模的核电站，基本问题都一样。任何发电厂和配电网所提供电能的特性，必须要适应不同的负载特性。变流器在风力发电机中的应用，改变了过去的桨距角控制或失速控制这种纯机械式控制方法，取得了更好的效果；另一方面，在工业、军事和民用领域，处于运动控制（位移或旋转）主体的电机应把电能最有效比变为所需的机械能。这两者都需要以每种形式控制电机中的机电能量变换过程，从而引入了以电的形式对电源与负载之间的能流实施处理的概念。

同早先通过机械换向器控制电机的方法相比，在现代技术中，利用开关模式变流器处理功率流，控制电机中的机电能量变换过程，是一个必然的选择。因为它能够提供低耗、长寿命、低维修、最大适用性和可控性等诸多好处。这里不仅涉及按开关模式工作的变流技术及有两个稳定状态（通与不通）且能在低耗下从一个状态转换到另一个状态的器件，还涉及不连续的控制特性。

电力电子学研究开关模式变流器的拓扑、控制、各种开关器件及其应用技术。电力电子学涉及所有类型的负载，而电机只是这当中的一部分。以电机为主体的发电或传动系统中，开关模式变流器表示一连串周期性工作的开关。这些开

关实现了电源与负载电机之间的功率流控制，并影响了电机内部能量变换过程和输入、输出特性。

作为传动系统核心的电机，是实现机电能量变换过程的主体。电力电子和变流技术通过变换电能的类型（波形、幅值、频率、相位），使机械能与电能之间能够以更精确、更少损耗、更高效率和更符合终端用户要求的方式完成相互转换。在通过现代微电子和现代计算与控制技术对机电能量变换过程实施影响时，必须依赖电机的数学模型。描述电机动态过程的一般形式是微分方程。鉴于多相交流电机的温室效应和磁效应，这个模型在数学上体现为高阶非线性时变微分方程组。利用经典的控制理论，可以通过适当简化找出频域中的传递函数，完成控制器的设计与控制。但对于要求高动态性能的传动系统，则必须依靠现代控制理论和方法完成控制器的设计。在基本微分方程组基础上演变出适应不同控制策略的电机模型，典型的如状态方程、空间矢量方程等。

与相控变流器通过电力电子器件的相位移改变直流电机的电压和电流的模式不同，变流电机则利用电力电子器件的开关模式来控制功率流。变流技术包括变流器电路拓扑和控制技术。在系统地研究变流器的电路拓扑时，认为电力电子器件在任何选定的时刻可从非导通状态改变到导通状态或反之，并可用开关函数 $S(t)$ 来表示：$S(t)=1$，表示电力电子器件处于开通状态；$S(t)=0$，表示电力电子器件处于阻断态。图 3-1 表示一个包含 2 个电力电子开关、电源和负载的简单变流电路。当以适当的方式操作开关 S_1 和 S_2 时，产生的负载电压为 $u_L(t)=s(t)u_s$ 上式中，$u_L(t)$ 为负载电压；$u_S(t)$ 为输入电源电压。

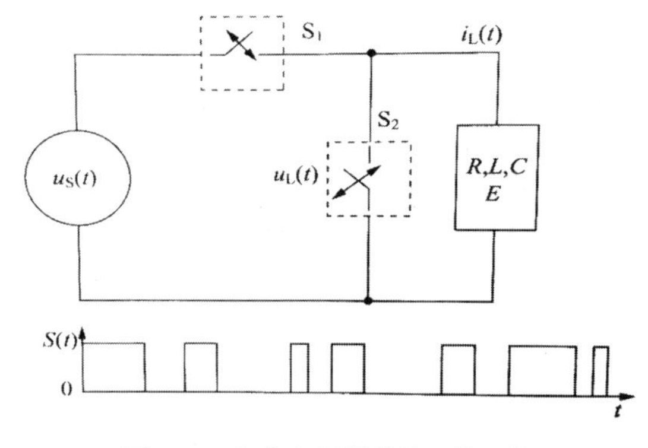

图 3-1 电力电子器件的开关函数

同步脉宽调制是开关控制技术的基本类型，其开关频率f_s是调制频率f_m的整数倍：$f_s=nf_m$。其中，$n=2$，3，……另一种是异步调制，其中f_s不等于nf_m，脉冲频率调制（PFM）是异步调制技术应用的一个范例，与负载有关的bang-bang控制也是基于异步调制技术的，其产生的开关函数是完全任意的，如图3-2所示。

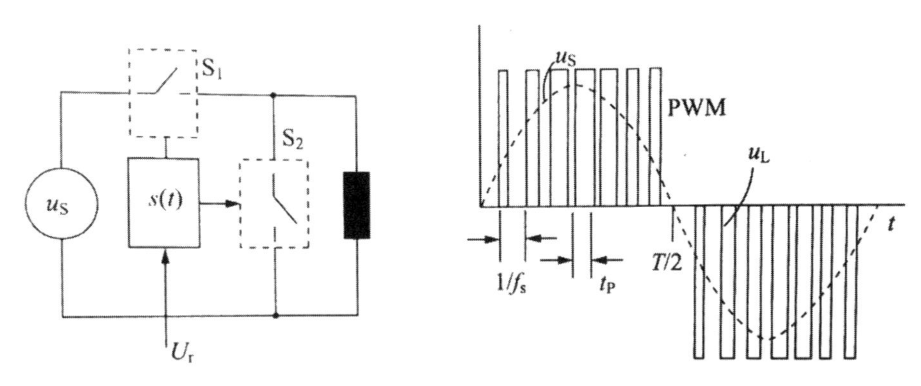

图3-2　脉冲宽度调制技术

1. 脉宽调制（PWM）概述

方波逆变器的一些主要缺点，在脉宽调制逆变器中得到了克服。由于脉宽调制逆变器输出量中的谐波成分减少，改善了转矩的脉动情况，消除了传动系统在低速运行时的齿槽效应，从而使电动机的损耗减少，效率提高。

产生所必需的PWM模式的控制技术，大体上可以分为两种：电流控制的PWM和电压控制的PWM。一般来说，前者能够为中小功率范围的传动系统提供显著的优点，而后者适合大功率传动系统，也是一种富有吸引力的选择方案。

2. 脉宽调制的基本原理

在采用PWM方法的情况下，逆变器的主管在每个输出周期内多次重复地导通与关断。PWM逆变器中电压生成的原理如图3-3所示。从图中可看出，方波交变电压U_{10}包含一连串的和负的电压时间面积元。如果适当选择这些电压时间面积元，也就是说，在一定幅值时，正、负面积元变化的频率足够大，那么当把这样的一个交变电压施加到电动机的一相绕组上去时，被绕组包围的磁通的变化实际只与该交变电压的平均值有关。如果改变交变电压的正的和负的电压时间面积元的大小，或者说改变横幅值的正电压和负电压的持续施加时间，将使加到绕组上的电压的平均值增加和减少。利用这样的一些电压时间面积元产生任意形状的直流或交流电压，就是 PWM 的基本思路。

由于所期待的平均电压是方波交变电压的一个子谐波，这种调制方法也称为子谐波法。

在采用 PWM 控制时，平均正弦电压的幅值和频率能够各自独立地进行变化。显然，作为方波交变电压的子谐波的峰值，受方波电压幅值的限制，其频率小于方波交变电压的平均频率。电流和磁通由基波和谐波电压共同生成。对于多个电压的相序问题，可以通过各相关的方波交变电压的控制加以改变，这是很简单的。

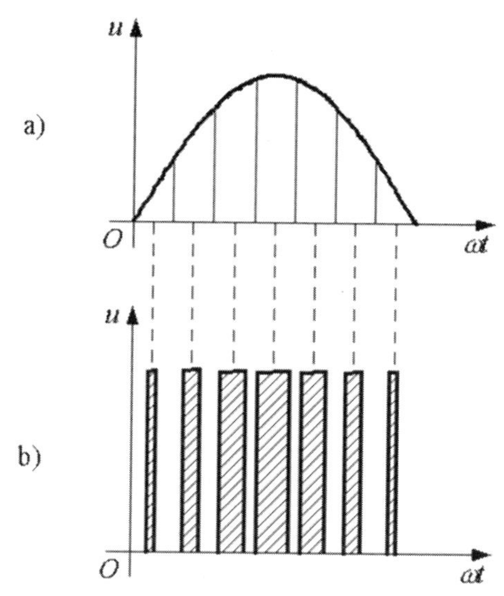

图 3-3　PWM 原理（由方波交变电压产生平均正弦电压）

根据上述二点式和三点式变流器的结构，每相电压有两个或三个自由度。在一种情况下，电压在一个正值和一个负值之间转换，正极性的和负极性的电压值可能是恒定的，也可能是可变的；在另一种情况下，按子谐波电压值的极性，而在零与正电压之间或者零与负电压之间变化。后一种逆变器需要更高的费用，但优点是输出电压的谐波含量较少。

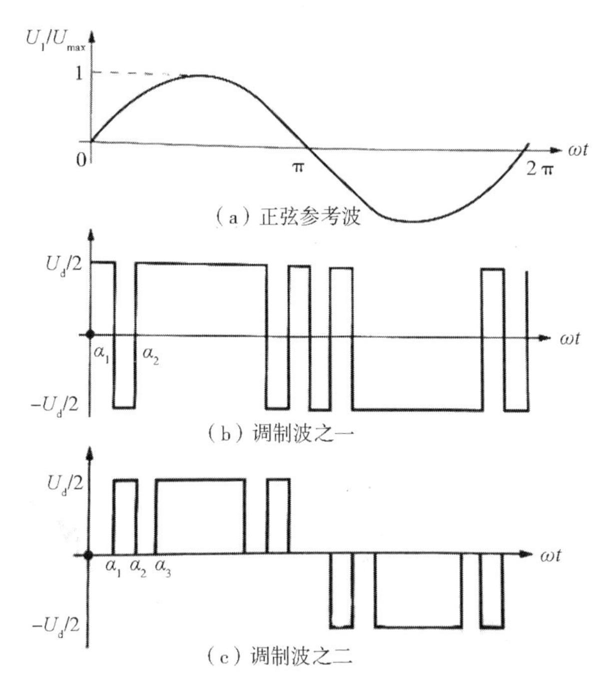

图 3-4　PWM 逆变器不同控制时的调制电压

概括地说，脉宽调制逆变器力图应用一连串宽度调制的方波脉冲去合成一个正弦波输出。当然，由于所用的脉冲数有限，这样合成的结果并不是完美无缺的，在合成过程中，会不可避免地产生某种程度的畸变波形。为了尽可能地减少这种波形畸变及其所带来的不利影响，人们研究了各种方法。从直觉上，期待通过增加用以合成输出电压的脉冲数来减少谐波，但其实际困难在于要求主晶闸管具有高的开关频率和低的损耗。

随着风电行业产能的扩大，风电行业的变流器产品也开始扩大需求，中国新能源战略开始把大力发展风力发电设为重点。随着风电机组容量的扩张，风电设备对变流器的要求越来越高。另外，国产化是风电行业的重要趋势。国产变流器厂商若要在风电领域占有一席之地，也要加强和提高自己的技术水平，才可以与国外变流器厂商在风电行业展开激烈竞争。变流器产品是风电设备的重要组成部分，整个行业的自动化产品市场也有几个亿的空间，并且风电行业的快速发展，直接带动了变流器产品在该行业的市场容量。

变流器通过对双馈异步风力发电机的转子进行励磁，使得双馈发电机的定子侧输出电压的幅值、频率和相位与电网相同，并且可根据需要进行有功和无功的独立解耦控制。变流器控制双馈异步风力发电机实现软并网，减小并网冲击电流对电机和电网造成的不利影响。变流器提供多种通信接口，如 Profibus、CANopen 等（可根据用户要求扩展），用户可通过这些接口方便地实现变流器与系统控制器及风场远程监控系统的集成控制。变流器配电系统提供雷击、过流、过压和过温等保护功能。变流器提供实时监控功能，用户可以实时监控风机变流器运行状态。变流器可根据海拔进行特殊设计，可以按客户定制实现低温、高温、防尘、防盐雾等运行要求。

变流器采用三相电压型交—直—交双向变流器技术，核心控制采用具有快速浮点运算能力的“双 DSP 的全数字化控制器”。在发电机的转子侧，变流器实现定子磁场定向矢量控制策略，电网侧变流器实现电网电压定向矢量控制策略；变流系统具有输入输出功率因数可调、自动软并网和最大功率点跟踪控制功能。功率模块采用高开关频率的 IGBT 功率器件，以保证良好地输出波形。这种整流逆变装置具有结构简单、谐波含量少等优点，可以明显地改善双馈异步发电机的运行状态和输出电能质量。这种电压型交—直—交变流器的双馈异步发电机励磁控制系统，实现了基于风机最大功率点跟踪的发电机有功和无功的解耦控制，是目前双馈异步风力发电机组的一个代表方向。

双馈型和直驱型变流器在风电市场的快速增长有效地拉动了风力发电技术的进步。其特点之一就是风电机组的单机容量不断增大，目前国外市场上商业化的主流机组单机容量达到了 2~3 MW。5 MW 机组的样机已经研制成功，更大容量的机组（10 MW 海上风电机组）已处于概念设计阶段；特点之二就是机组的风能利用效率和可靠性得到了不断提高，机组的风能转换效率最高可达到 0.5（已经与理论上最大的风能利用系数——贝茨极限 0.593 比较接近了），商业化成熟机组的年可利用率可以达到98%以上。实际上，风力发电机组的技术发展很大程度上得益于变速恒频的应用，变速恒频已经成为目前兆瓦级以上风力发电机组的主流技术。所谓变速恒频，就是通过调速控制，使风力发电机组风轮转速能够跟随风速的变化，最大限度地提高风能的利用效率，有效降低载荷；同时，风轮及其所驱动的电机转速变化时，保证输出的电能频率始终与电网一致。机组的调速控制可以通过机械或电气控制等不同的途径来实现，但是利用变流器的技术方案目前最为成熟，也是应用范围最为广泛和最具发展前景的技术。变流技术的应用不仅有利于机组提高效率，而且对机组的并网和对电网的安全稳定运行也起到了良好作用。

变流器在变速恒频型风电装置中应用的主流的技术方案目前主要有两种：双馈型和直驱型。图 3-5 所示双馈型采用双馈发电机，这是在转子绕组上串入可以四象限运行的变频器，控制定子绕组和电网之间的功率流动。这种结构对变频器的功率要求只有系统总功率的 1/3~1/4。双馈型变流器可以有多种拓扑结构，实际应用中主要以电压源型双 PWM 变换结构为主。这种结构可以实现发电机在较宽的转速范围内运行，电路简单，采用交—直—交方式实现了两个变换器之间的解耦。双馈型变流器的关键技术在于变流器的励磁控制策略。矢量控制策略是目前双馈型机组中常用的控制方法，但是矢量控制策略须依赖于电机本身的参数，需要详尽准确的电机模型。另外，由于变流器电路的非线性，变流器在工作过程中会向电网注入谐波电流，如何有效控制谐波电流也是双馈型变流器需要解决的一个问题。双馈型变流器对电网电压和频率的波动比较敏感。在出现电网电压跌落的情况下，如果网侧电压下降 40%，将会造成电机侧的电流上升 4 倍，考虑这种情况则变流器需要选用容量更大的 IGBT，或者采用双馈型变流。另一方面，电机侧的电流突增会对传动系统中的齿轮箱和发电机产生冲击，这些因素在双馈型变流装置的设计时都要予以充分的考虑。

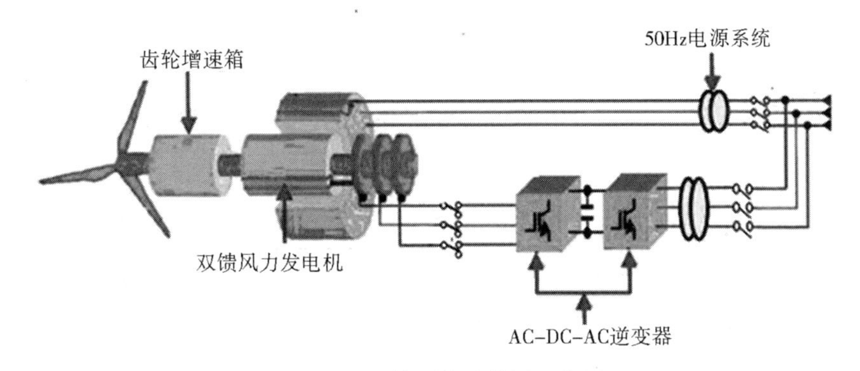

图 3-5 双馈型变流装置示意图

如图 3-6 所示，直驱型风力发电机组采用多极同步电机，将电机定子绕组输出直接连接到全功率的变流器上，由变流器将电机输出变化的电压/ 电流转换为可接入电网相匹配的电压、频率。该方案的优点是采用永磁同步发电机可以做到风力机与发电机的直接耦合，省去齿轮箱，即为直接驱动式结构，这样可大大减小系统运行噪声，提高可靠性。直驱型机组虽然采用了全功率变频装置导致成本上升，但是全功率变频装置所具有的技术优势却是非常明显的。它省去了故障率高、维护量大的滑环装置，使整机的可靠性进一步提高。特别是当电网出现电压跌落的情况时，由于全功率变流器的输出电流可以由直流电压做闭环控制，基本上能够很容易地控制输出电流的波动，这对电网的安全运行和保障机组设备本身的安全是非常重要的。全功率变流器的结构原理图如图 3-7 所示，其控制策略相对也比较简洁。全功率变流器的整流环节在实际应用中常采取主动整流或被动整流，两者各有千秋。被动整流方式的电路如图 3-8 所示，采用二极管整流，在其之后采用了多级 Boost 电路交错并联的方式以增加功率传送能力并降低开关频率。图 3-8 为被动整流电路示意图，在这种方式下，变流器不能像主动整流方式那样直接改变发电机转速，而是要通过改变 Boost 电路占空比，也就是其传输能量的方式改变发电机输出侧的电磁转矩，通过机械自身的调节特性达到最佳的风能利用效率，其响应速度比主动整流方式略慢。Boost 电路的存在降低了经过二极管的瞬态电流，对输入侧功率因数具有有限的校正作用。不过其功率因数仍然无法与主动整流方式相比，需要在电机侧附加功率因数补偿器。另外，被动整流方式的转矩脉动也比主动方式大，通常电机采用六相输出的方式，这样能够在一定程度上降低脉动转矩。

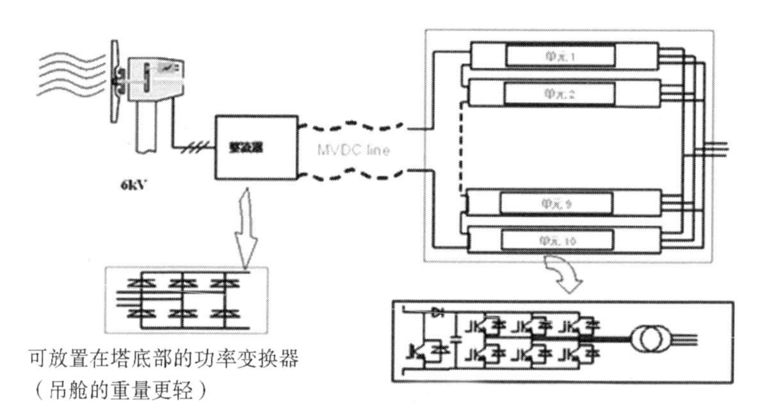

图 3-6　直驱型风力发电系统示意图

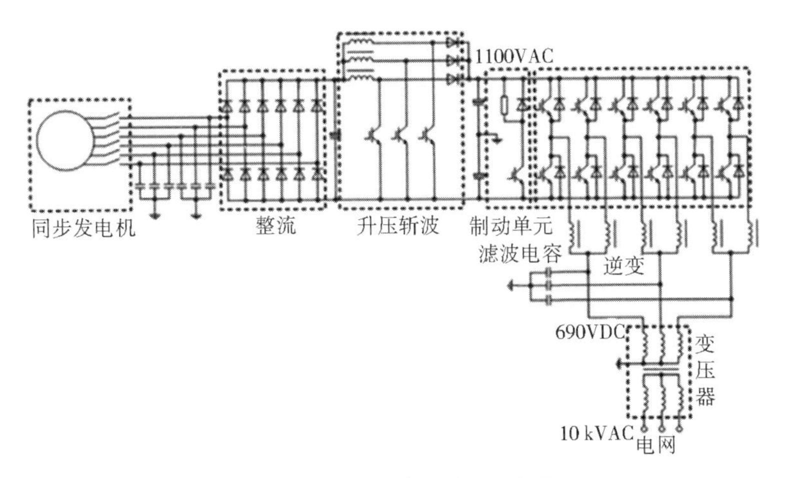

图 3-7　全功率变流器原理框图

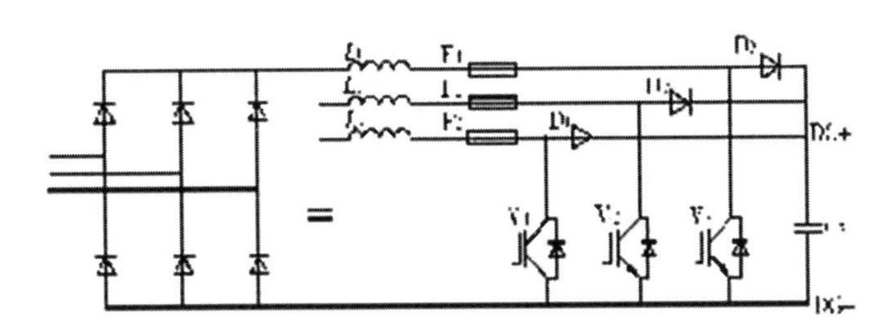

图 3-8　被动整流电路示意图

大功率变流技术的发展可以说是日新月异、前景无限。变流技术的发展重点是新型功率器件以及先进的控制技术。对于功率器件，目前主要用的是 IGBT，以后可能往 IGCT、光控功率器件、高温功率器件（耐高温，散热更加简单）和高功率密度功率器件（单管容量大，损耗更低）方向发展，这样可能会降低价格、简易控制和提高效率。通过光纤直接控制电力电子器件开关的光控器件，省去了传统的驱动系统，提高了系统的可靠性并简化了结构。新型材料的电力电子器件，可以提高器件结温和开关频率，达到提高器件功率密度的目的，从而减小了电力电子装置的体积并降低了对散热系统的要求。双向可关断器件可以控制两个方向的电流，适用于矩阵变换器，使用矩阵变换器可以减小装置体积。大功率变流技术的发展为风力发电技术向容量更大、效率更高方向的发展奠定了基础，变流技术和风力发电技术的有机结合也将使风力发电的成本更低。但随着机组容量的不断提高，变流器容量也不断增大，随之而来的一系列问题需要得到较好的解决，如受单管功率器件容量的限制，须采取多重化并列技术等解决方案，但其实现具有一定的难度；受安装空间的限制，要求变流器的结构更加紧凑，以方便制造和维护（模块化设计）等。可以肯定，变流技术将会在今后风电技术发展过程中发挥越来越重要的作用。

通过宏观的分析智能电网及风力发电及从技术方面浅层次地分析变流器，可以看到，风电将是未来能源战略的重要成分，在将来的风电产业中，风电变流器也将是风电中的重要角色，也将会随之配套，不断从技术、规模上发展壮大；反之，变流技术也会推动风电的最优化利用。

二、变流器与主控制器的接线方法

主控柜与变流柜之间的电缆连接，参照变流柜与主控柜的端子对应接线，见表3-1。

表 3-1　主控柜与变流柜之间的电缆连接

序号	电缆名称	规格	长度/m	电缆标号	导线颜色或线号	接线端品	
						主控柜侧	变流柜侧
1	400 V AC电缆套件	$5\times2.5\ mm^2$	8	202W6	1	202XS6：1	5XS4：1
					2	202XS6：2	5XS4：2
					3	202XS6：3	5XS4：3
					4	202XS6：4	5XS4：4
					5	202XS6：5	5XS4：5
					屏蔽层	PE	PE
2	网侧电流采集电缆	$7\times2.5\ mm^2$	8	212W9	1	212X9：1	1X2：1
					2	212X9：2	1X2：2
					3	212X9：3	1X2：3
					4	212X9：4	1X2：4
					5	212X9：5	1X2：5
					6	212X9：6	1X2：6
					7	—	—

续表

序号	电缆名称	规格	长度/m	电缆标号	导线颜色或线号	接线端品	
						主控柜侧	变流柜侧
3	24 V DC 信号电缆套件	$10\times1.5\ mm^2$	8	207W2	1	207XS2：1	15XS2：1
					2	207XS2：2	15XS2：2
					3	207XS2：3	15XS2：3
					4	207XS2：4	15XS2：4
					5	207XS2：5	15XS2：5
					6	207XS2：6	15XS2：6
					7	207XS2：7	15XS2：7
					8	207XS2：8	15XS2：8
					9	207XS2：9	15XS2：9
					10	207XS2：10	15XS2：10
					屏蔽层	PE	PE

思考题：

1. UPS 从使用功能角度分为哪两种类型？
2. 变流器在风电中的作用是什么？
3. 简述变流器的结构？
4. 使用万用表如何量取 UPS 输出电压？
5. 变流器使用的核心半导体器件是什么？

第四章　偏航、变桨系统装配

第一节　偏航系统装配

一、风电机组偏航系统组成

偏航系统是水平轴风电机组的重要组成部分。根据风向的变化，偏航操作装置按系统控制单元发出的指令，使风轮处于迎风状态。同时，还应提供必要的锁紧力矩，以保证风电机组的安全运行和停机状态的需要。偏航操作装置主要由偏航轴承、传动、驱动与制动等功能部件或机构组成。偏航系统要求的运行速度较低，且机构设计所允许的安装空间、承受的载荷更大，因而有更多的技术解决方案可供选择。其中一种采用滑动轴承支撑的主动偏航装置装配设计方案，以下结合此种方案讨论相关的结构设计问题。一种采用滑动轴承的偏航装置装配设计方案，偏航操作装置安装于塔架与主机架之间，采用滑动轴承实现主机架轴向和径向的定位与支撑，用四组偏航操作装置实现偏航的操作。在该方案的设计中，大齿圈5与塔架10固定连接，在齿圈的上、下和内圆表面装有复合材料制作的滑动垫片，通过固定齿圈与主机架运动部位的配合，构成主机架的轴向和径向支撑（即偏向轴承）。在主机架上安装主传动链部件和偏航驱动装置，通过偏航滑动轴承实现与大齿圈的连接和偏航传动。当需要随风向改变风轮位置时，通过安装在驱动部件上的小齿轮与大齿圈啮合，带动主机架和机舱旋转使风轮对准风向。偏航装置与主机架结构为保证风电机组运行的稳定性，偏航系统一般需要设置制动器，多采用液压钳盘式制动器，制动器的环状制动盘通常装于塔架（或塔架与主机架的适配环节）。制动盘的材质应具有足够的强度和韧性，如采用焊接连接，材质还具有比较好的可焊性。一般要求在风电机组寿命期内，制动盘主体不出现疲劳等形式的失效损坏。制动钳一般由制动钳体和制动衬块组成，钳体通过高强度螺栓连接与主机架上，制动衬块应有专用的耐磨材料（如铜基和铁基粉末冶金）制成。对偏航制动器的基本设计要求是，保证风电机组额定负载下的制动转矩稳定，所提供的阻尼转矩平稳（与设计值的偏差小于5%），且制动过程没有异常噪声。制动器在额定负载下闭合时，制动衬垫和制动盘的贴合面积应不小于设计面积的50%，制动衬垫周边与制动钳体的配合间隙应不大于0.5 mm。制动器应设有自动补偿机构，以便在制动衬块磨损时进行间隙的自动补偿，保证制动转矩和偏航阻尼转矩的要求。偏航制动器可采用常闭和常开两种结构形式。其中，常闭式制动器是指在有驱动力作用的条件下制动器处于松开状态，常开式制动器则是在驱动力作用时处于锁紧状态。考虑制动器的失效保护，偏航制动器多采用常闭式制动结构形式。偏航驱动机构 变桨距风力机控制系统 显示了一个变桨距风力机控制系统中的各组成部分，偏航驱动机构包括偏航轴承、偏航驱动装置和偏航制动器。

偏航驱动部件，采用电力拖动的偏航驱动部件一般由电动机、大速比减速器和开始齿轮传动副组成，通过法兰连接安装在主机架上。

（1）设计要求。若不考虑电动机的选型问题，驱动部件的设计任务主要与大速比减速器有关。由于设计空间有限，驱动部件一般选用转速较高的电动机，以尽可能减小设计结构的体积。但由于偏航驱动所要求的输出转速很低，必须采用紧凑型的大速比减速器，以满足偏航执行机构的要求。根据实际要求，偏航减速器可选择立式或其他形式安装，采用多级行星轮系传动，以实现大速比、紧凑型传动的要求。偏航减速器多采用硬齿面啮合设计，齿轮传动设计可参照附录 A 的有关介绍并依据前面给出的相关标准进行。对齿轮传动精度方面的要求，一般外啮合为 6 级、内啮合为 7 级。减速器中主要传动构件，可采用低碳合金钢材料，如 17CrNiMo6、42CrMoA 等制造，齿面热处理状态一般为渗碳淬硬（一般硬度大于 58 HRC）。对于减速器齿轮等构件的疲劳强度设计，表面接触载荷安全系数 SH>0.8~0.9，弯曲强度安全系数 SF>2。

（2）偏航减速器结构设计中需注意的问题。根据传动比要求，偏航减速器通常需要采用 3~4 级行星轮传动方案，而大速比行星齿轮的功率分流和均载是其结构设计的关键。同时，若考虑立式安装条件，设计也需要特别关注轮系构件的重力对均载问题的影响。为此，此种行星齿轮传动装置的前三级行星轮的系杆构件和除一级传动的太阳轮轴以外都需要采用浮动连接方案。为解决各级行星传动轮系构件的干涉与装配问题，各传动级间的构件连接多采用渐开线花键连接。为最大限度地减小摩擦磨损，对轮系构件的轴向限位需要特别注意。一些减速器采用复合材料制造的球面接触结构设计，取得了较好的效果。偏航减速器箱体等结合面间需要设计良好的密封，并严格要求结合面间形位与配合精度，以防止润滑油的渗漏。偏航轴承常用的偏航轴承有滑动轴承和回转支承两种类型。滑动轴承常用工程塑料做轴瓦，这种材料即使在缺少润滑的情况下也能正常工作。轴瓦分为轴向上推力瓦、径向推力瓦和轴向下推力瓦三种类型，分别用来承受机舱和叶片重量产生的平行于塔筒方向的轴向力，叶片传递给机舱的垂直于塔筒方向的径向力和机舱的倾覆力矩。从而将机舱受到的各种力和力矩通过这三种轴瓦传递到塔架（Nordtank 和 Vestas 机组均采用这种偏航轴承）。回转支承是一种特殊结构的大型轴承，它除了能够承受径向力、轴向力外，还能承受倾覆力矩。这种轴承已成为标准件大批量生产。回转支承通常有带内齿轮或外齿轮的结构类型，用于偏航驱动。目前使用的大多数风力机都采用这种偏航轴承。

二、风向标、风速仪、超声波风传感器和航空障碍灯安装方法

风向标、风速仪、超声波风传感器和航空障碍灯接线、安装材料清单、安装工具清单，见表 4-1 至表 4-3。

表 4-1　风向标、风速仪、超声波风传感器和航空障碍灯接线

序号	电缆名称	规格	长度/m	电缆标号	导线颜色或线号	接线端品
						机舱柜侧
1	风向标 型号为：51278. 68. 420	自带 7×0. 34 mm^2-屏蔽	12	125W2	1（棕）	125U2：5
					2（白）	125U2：1
					3（蓝）	125U4：15
					4（黑）	125U4：7
					5（灰）	125U5：5
					6（粉）	125U5：1
					7（黄绿）	PE
2	风速仪 型号为：51277. 67. 420	自带 7×0. 34 mm^2-屏蔽	12	125W5	1（棕）	125U2：5
					2（白）	125U2：1
					3（蓝）	125U7：7
					4（黑）	125U7：5
					5（灰）	125X5：5
					6（粉）	125X5：6
					7（黄绿）	PE
3	FT 14 传感器 型号为：FT 702LT D50 （4-20 mA） （新型号：FT 702LT D50-V22-FF）	自带	15	126W2	1（白）	126X2：1
					2（棕）	126X2：2
					3（绿）	126X2：3
					4（黄）	126X2：4
					5（灰）	126X2：5
					6（粉）	126X2：6
4	航空障碍灯 1 电缆	自带	12	107W2	L	107X2：L
					N	107X2：N
					Nonmal close	107X4：1
					COM	107X4：2
					PE	107X2：PE
	航空障碍灯 2 电缆			107W6	L	107X2：L
					N	107X2：N
					Nonmal close	107X4：3
					COM	107X4：4
					PE	107X2：PE

表 4-2　风向标、风速仪、超声波风传感器和航空障碍灯安装材料清单

序号	材料名称	规格	数量	单位	备注
1	尼龙扎带	黑色 300×3. 6 mm-40~85℃	20	根	固定电缆
2	尼龙扎带	黑色 150×3. 6 mm-40~85℃	20	根	固定电缆
3	缠绕管	$\phi 6$	1	米	电缆防护
4	风向标、风速仪安装底座		2	套	安装固定风向标、风速仪
5	超声波风传感器安装底座		1	套	安装固定风传感器

表 4-3　风向标、风速仪、超声波风传感器和航空障碍灯安装工具清单

序号	工具名称	规格	数量	单位	备注
1	开口扳子	12 mm	1	把	固定风速仪、风向标
2	内六方扳手		1	套	固定风速仪、风向标
3	25 件套扳手		1	套	固定风速仪、风向标
4	斜口钳		1	把	
5	剥线钳		1	把	
6	压线钳		1	把	
7	小一字起		1	把	

风向标、风速仪、超声波风传感器和航空障碍灯安装位置说明如图 4-1 所示。

危险!

- 在机舱外工作必须将安全用具穿戴好，安全绳系挂于安全绳挂点。
- 禁止在机舱上向下抛掷物品，使用工具放置在工具包中，防止工具坠落伤人。

图 4-1　风向标、风速仪、超声波风传感器和航空障碍灯安装位置说明

1—航空障碍灯；2—风速仪；3—超声波风传感器；4—风向标

图 4-2　风速仪和风向标

（1）风向标和风速仪安装

①风向标和风速仪，见图 4-2。

②按照图 4-3 中顺序将风向标、风速仪组装完成，使用扳手将风向标、风速仪安装底座内螺母拧紧。

③将风向标、风速仪电缆航空插头和风向标、风速仪对接。

④将风向标、风速仪电缆通过测风支架穿线孔穿至机舱内。

⑤调整风向标朝向，使标识“S”正对机头或标识“N”正对机尾。

⑥将安装底座两端的螺栓拧紧。

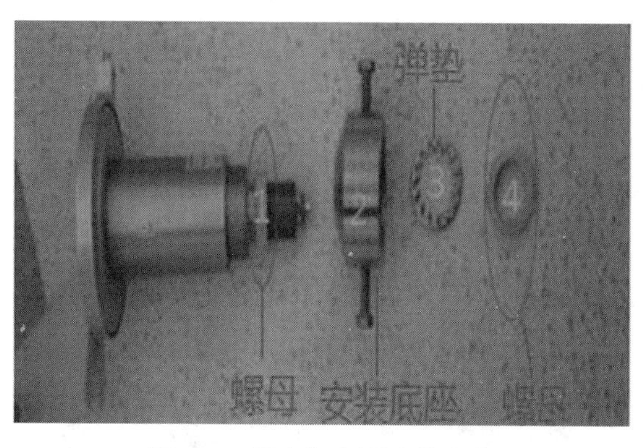

图 4-3　风向标和风速仪安装

（2）超声波风传感器安装

①将传感器电缆航空插头侧穿过自带小冷缩套管后与超声波传感器对接。

②冷缩套紧航空插头连接处。

③电缆另一端穿过大冷缩套和安装底座。

④将安装底座上的连接螺栓拧紧，使风传感器固定在安装底座上。

⑤冷缩套紧风传感器和安装底座连接处。

⑥将电缆穿过测风支架至机舱内。

⑦调整风传感器朝向，使其朝向正确。

⑧将安装底座上的卡紧螺栓卡紧测风支架。

⑨超声波传感器未选配内容，未配置超声波传感器的项目测风支架上的安装孔需要进行防水封堵。

超声波风传感器安装，见图 4-4。

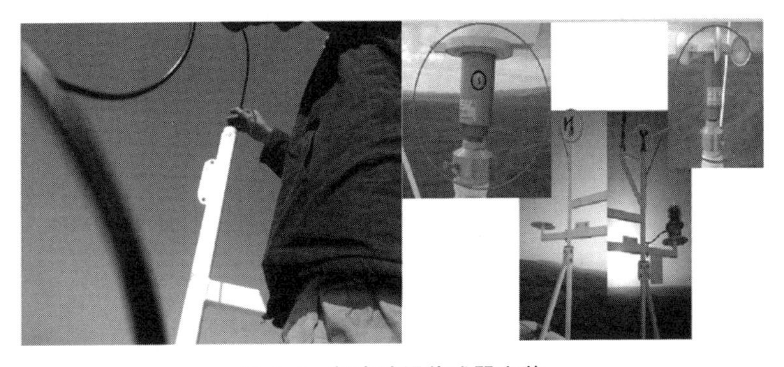

图 4-4 超声波风传感器安装

(3) 航空障碍灯的安装

①航空障碍灯，见图 4-5。

②将两个航空障碍灯分别安装到测风支架左右航空障碍灯底座上。

③电缆沿支架后航空障碍灯穿线 PG 锁母进入机舱内。

航空障碍灯的安装，见图 4-6。

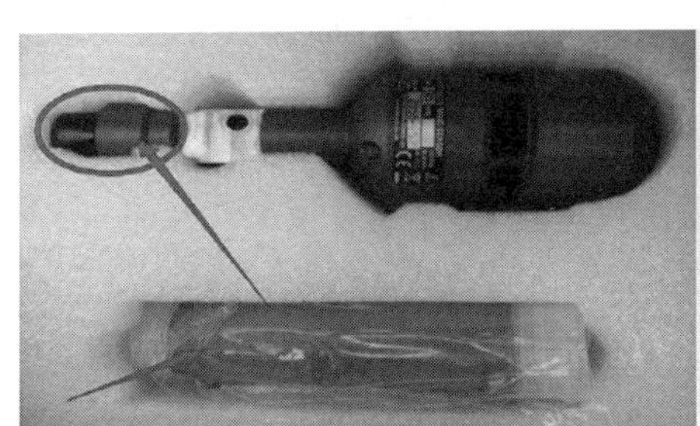

图 4-5 航空障碍灯

图 4-6　航空障碍灯安装

（4）机舱内风向标、风速仪、超声波风传感器、航空障碍灯电缆布线。

（1）机舱内测风支架出口处电缆需使用 ϕ6 缠绕管防护。

（2）电缆在测风支架出口处预留一个直径 100 mm 的圆环长度，方便日后维护。

（3）电缆沿机舱龙骨上的扎线座子绑扎排布至发电机开关柜上桥架上方。

（4）穿过机舱中间密封夹块组件控制电缆夹持区至机舱柜内。

（5）完成电缆端子制作并完成接线连接后关闭机舱柜门。

图 4-7　风速仪、风向标机舱内布线

图 4-8　风向标和风速仪电缆在机舱内部的布线路径

图 4-9　风向标和风速仪电缆

图 4-10　风速仪、风向标在机舱柜内接线

机舱内风向标、风速仪、超声波风传感器和航空障碍灯电缆布线见图 4-7~图 4-10。

三、偏航驱动电机接线方法

1. 偏航电机顺序的规定

顺时针方向依次为 1#、2#、3#、4#偏航电机，见图 4-11。

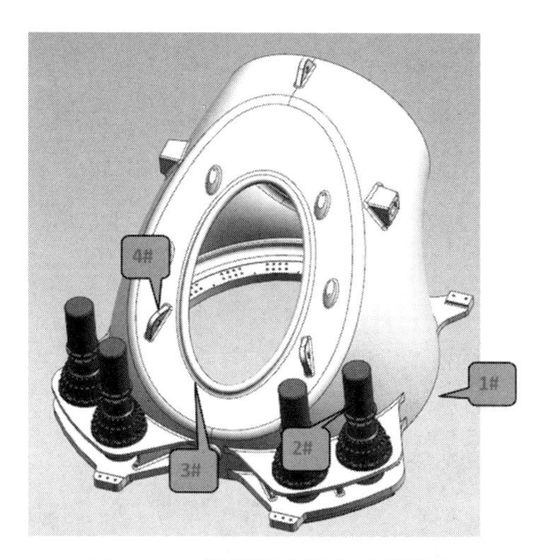

图 4-11　偏航驱动机构位置约定

2. 偏航电机接线盒内电缆接线

偏航电机内部为三角形接法，动力电缆按照图纸要求进行接线，信号电缆接入偏航电机内对应的热敏电阻接线端子，见图 4-12。信号电缆由上 PG 口进入，动力电缆由下 PG 口进入，根据接线盒布线空间将外层绝缘剥除适合长度，压接环形预绝缘端子。

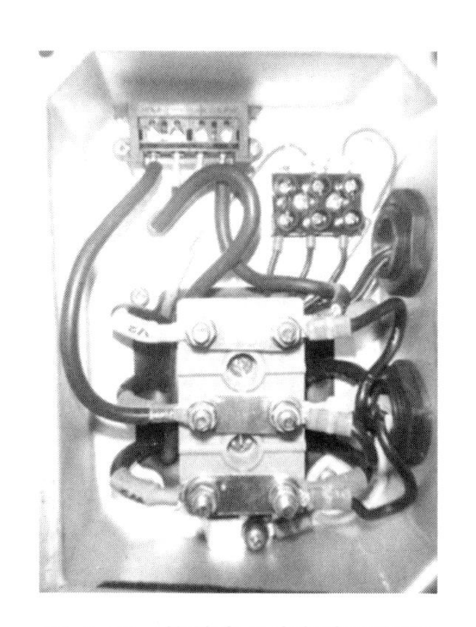

图 4-12　偏航电机内部电缆接线

注：偏航电机接线盒内电缆接线要求牢固，无松动，并且勿将电缆绝缘层出现交叉、叠放现象。4 个偏航电机接线方式一致。

3. 偏航电机电缆排布

偏航电机电缆排布使用适合电缆直径的缠绕管，在上下 2 根线汇合处使用缠绕管缠绕向下。电机固定孔处用扎带绑扎，沿偏航电机安装平面走线与另一偏航电机线汇合。在上下 2 根线汇合处使用缠绕管缠绕向下防护。偏航电机电缆排布，见图 4-13 和图 4-14。

图 4-13　3#、4#偏航电机电缆排布固定

图 4-14　1#、2#偏航电机电缆排布固定

注：偏航电机电缆考虑到美观，将偏航电机进行旋转，尽可能地隐藏明显的电缆敷设方式，将现有偏航电机摆放位置进行旋转，使 4 个接线盒面朝机舱中心位置，电缆从接线盒出来后穿入尼龙软管（波纹管），（在波纹管不能使用时使用缠绕管）沿红线敷设至梯子处，沿梯子边缘的走线槽走线。

注意事项：

走线槽中电缆要平行并列排布，禁止交叉叠加。

第二节　变桨系统装配

一、兆欧表测试轮毂内变桨驱动电机接地电阻的方法

（1）测量前必须将被测设备电源切断，并对地短路放电。决不能让设备带

电进行测量，以保证人身和设备的安全。对可能感应出高压电的设备，必须消除这种可能性后，才能进行测量。

（2）被测物表面要清洁，减少接触电阻，确保测量结果的正确性。

（3）测量前，应将兆欧表进行一次开路和短路试验，检查兆欧表是否良好。即在兆欧表未接上被测物之前，摇动手柄使发电机达到额定转速（120 r/min），观察指针是否指在标尺的"∞"位置。将接线柱"线（L）和地（E）"短接，缓慢摇动手柄，观察指针是否指在标尺的"0"位。如指针不能指到该指的位置，表明兆欧表有故障，应检修后再用。

（4）兆欧表使用时应放在平稳、牢固的地方，且应远离大的外电流导体和外磁场。

（5）必须正确接线。兆欧表上一般有三个接线柱，其中 L 接在被测物和大地绝缘的导体部分，E 接被测物的外壳或大地。G 接在被测物的屏蔽上或不需要测量的部分。测量绝缘电阻时，一般只用"L"和"E"端，但在测量电缆对地的绝缘电阻或被测设备的漏电流较严重时，就要使用"G"端，并将"G"端接屏蔽层或外壳。线路接好后，可按顺时针方向转动摇把。摇动的速度应由慢而快，当转速达到 120 r/min 左右时（ZC-25 型），保持匀速转动，1 min 后读数，并且要边摇边读数，不能停下来读数。

（6）摇测时，将兆欧表置于水平位置，摇把转动时其端钮间不许短路。摇动手柄应由慢渐快。若发现指针指零说明被测绝缘物可能发生了短路，这时就不能继续摇动手柄，以防表内线圈发热损坏。

（7）读数完毕，将被测设备放电。放电方法是将测量时使用的地线从兆欧表上取下来与被测设备短接一下即可（不是兆欧表放电）。

二、变桨驱动电机与变桨控制柜接线盒接线的方法

1. 变桨电机接线

材料与工具清单，见表 4-4。

表 4-4　材料与工具清单

材料			工具		
序号	名称	数量	序号	名称	数量
1	特制方形铜垫片（20 mm×20 mm×2. 5 mm，ϕ10 mm/铜镀锡）	9 个	1	梅花起	1 把
2	KXFP 3×50 mm^{2}电缆（1. 55～1. 60 m）	3 根	2	斜口钳	1 把
3	G530IB 捆扎带	12 根	3	12. 5 mm 系列扭矩扳手	1 把
4	导电膏	50 g	4	12. 5 mm 系列加长套筒 17 mm	1 把
5	热缩套（ϕ20，黄绿双色，U_n≥1000 V，阻燃）	0. 2 m			
6	热缩套（ϕ20，U_n≥1000 V，阻燃，黑色）	4. 2 m			

2. 电机接线盒内部接线

变桨电机内部接线如图 4-13～图 4-17 所示。

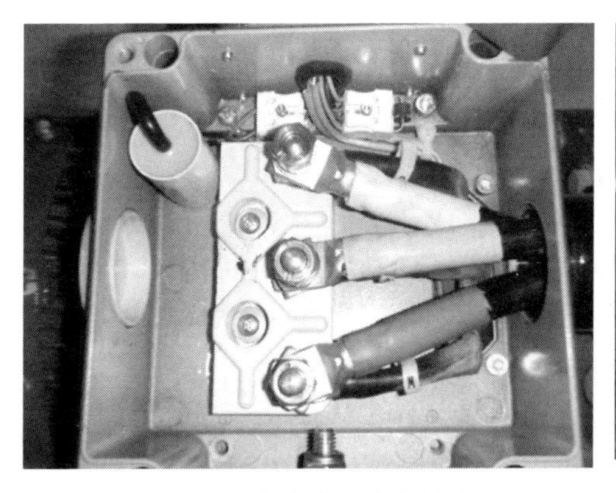

图 4-15　变桨电机内部接线

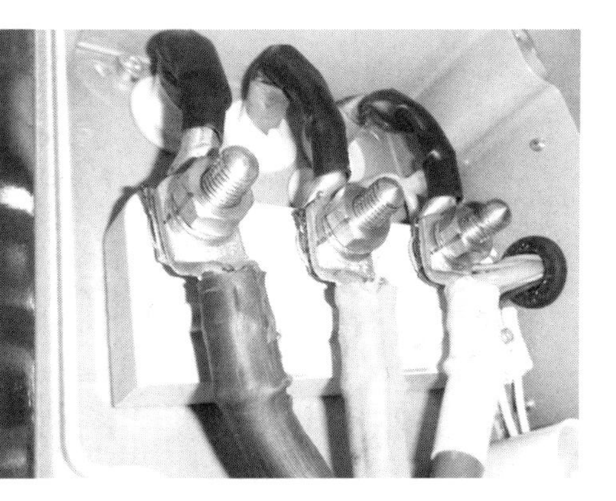

图 4-16　变桨电机内部接线

固定螺母使用 12 N · m 扭矩紧固后，画防松标记。

图 4-17　变桨电机电源 U、V、W 接线

方形铜垫片（5. 1406. 0086）20 mm×20 mm×2. 5 mm，孔径 ϕ10 mm/铜镀锡。接触面上涂抹导电膏，12 N · m 扭矩，弹簧垫片或双螺母。

3. AC2 接线和布线

AC2 动力电缆布线、接线如图 4-18 和图 4-19 所示。

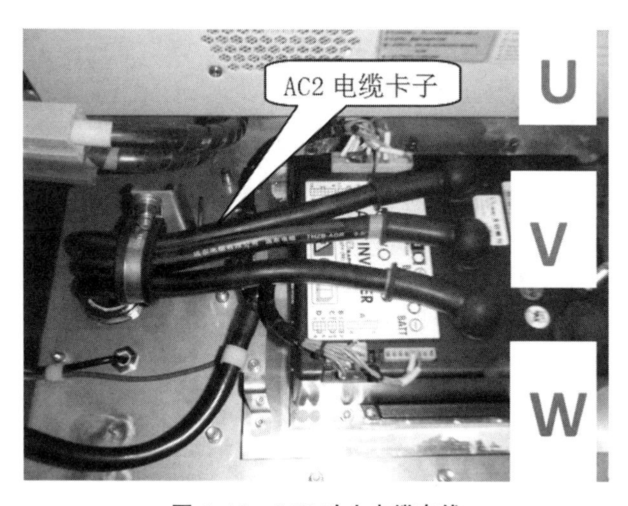

图 4-18　AC2 动力电缆布线

电缆固定环朝上放置，固定 AC2 电缆卡，使用 13 N · m 扭矩。

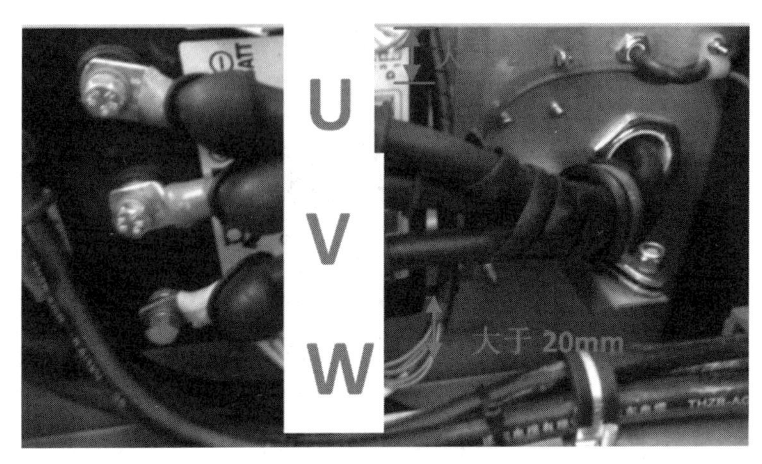

图 4-19 AC2 动力电缆接线

使用 22.5 N·m 扭矩扳手以 13 N·m 扭矩将螺栓上紧。

思考题：

1. 偏航系统的组成有哪些?
2. 变桨电机接线有哪些步骤?
3. 如何为 AC2 驱动器接线?
4. 使用兆欧表如何检测变桨电机的内阻?
5. 简述风向标和风速仪布线的路径。

第五章　冷却、控制系统装配

学习目的：

1. 将发电机冷却系统电机泵与热交换器进行电气接线。
2. 将齿轮箱冷却系统电机泵与热交换器进行电气接线。

第一节　冷却系统装配

一、风力发电机组的能量损耗

要知道风力发电机的能量损耗，就要了解风力发电机的工作原理和构造。风力发电机的工作原理，简单地说，就是通过风轮在风力的作用下旋转，将风的动能转化为风轮轴的机械能，从而带动发电机发电。

目前，主流的风力发电机结构有两种类型，分别为双馈异步发电机和直驱永磁同步发电机，结构如图 5-1 和图 5-2 所示。

风力发电机组在运行过程中，在由机械能转变为电能时，难免有一部分能量转变为热能而损耗。

齿轮箱、发电机、控制变频器、刹车机构、调向机构、变桨系统等部件都会产生热量，其发热量大小取决于设备类型及厂家的生产工艺。目前，兆瓦级风力发电机组中主要损耗部件为发电机、齿轮箱和控制变频器。

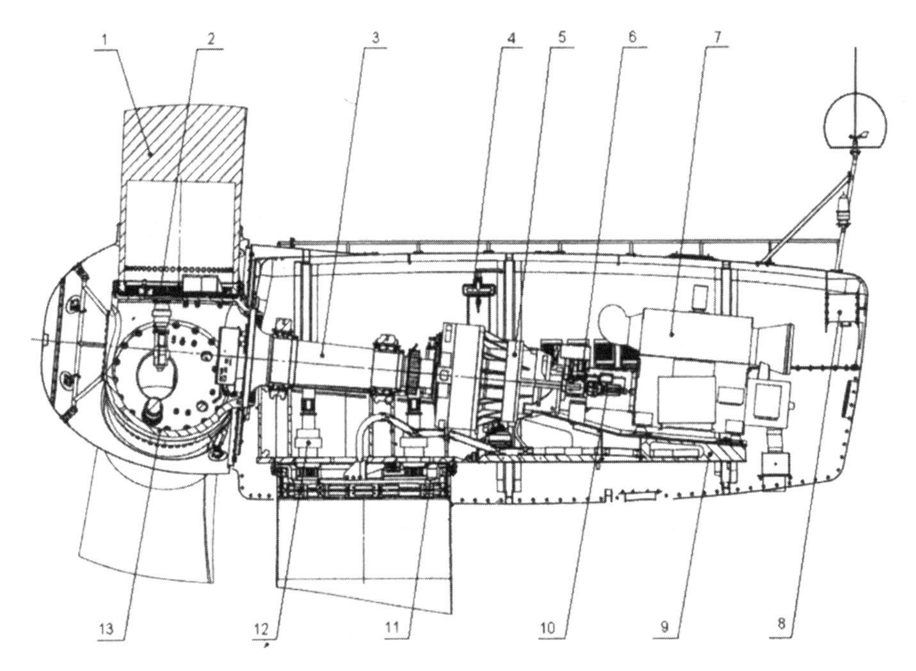

图 5-1　双馈异步发电机结构

1—叶片；2—变桨轴承；3—主轴；4—机舱吊；5—齿轮箱；6—高速轴制动器；7—发电机；8—轴流风机；9—机座；10—滑环；11—偏航轴承；12—偏航驱动；13—轮毂系统

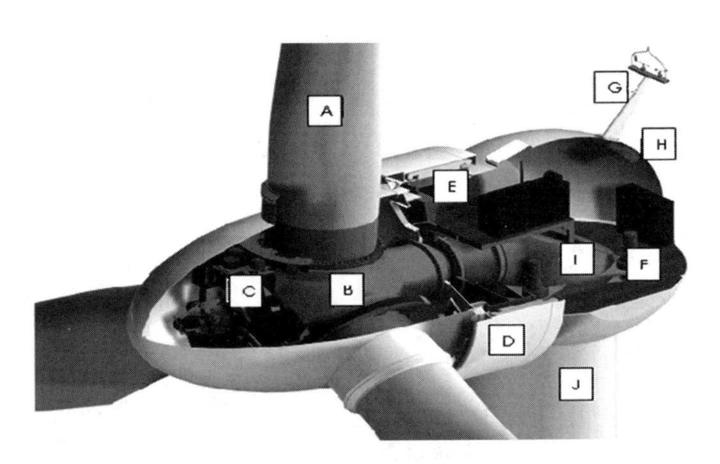

图 5-2　直驱永磁同步发电机结构

A—叶片；B—轮毂；C—变桨电机（3 个独立变桨系统）；D—发电机转子（永磁磁钢）；E—发电机定子（铜排线圈）；F—偏航电机（3 个）；G—风速仪、风向标；H—机舱罩；I—底座；J—塔筒（65m）

发电机在运行过程中，主要的损耗为电气损耗和机械损耗两部分，如图 5-3 所示。

电气损耗分为铁损、铜损、励磁损耗和机械损耗。

铁损包括转子表面损耗、转子磁场中高次谐波在定子上产生的附加损耗、齿内的脉振损耗及定子端部的附加损耗。它们都是由于磁通通过铁芯时产生涡流发热而损耗的能量。铜损分为定子铜损和转子铜损，它们都是由于电流通过铜线绕组时，电阻发热而损耗的能量。励磁损耗是维持电机励磁而产生的损耗（由于永磁风力发电机中的转子励磁由永磁磁钢组成，所以此部分可不用考虑）。

机械损耗主要有齿轮箱损耗、轴承损耗和风磨损耗。发电机的这些损耗，最终会转换为热量而散失。

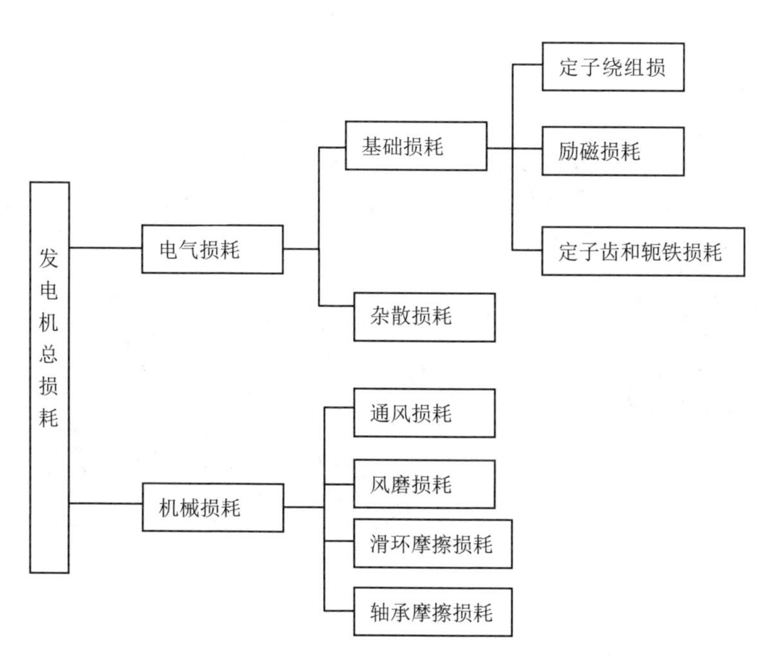

图 5-3　发电机主要损耗

齿轮箱在运转中，必然会有一定的功率损失。损失的功率将转换为热量，使齿轮箱的油温上升。若温度上升过高，将会引起润滑油的性能变化，黏度降低、老化变质加快，换油周期变短。在负荷压力作用下，若润滑油膜遭到破坏而失去润滑作用，会导致齿轮啮合面或轴承表面损耗，最终造成设备事故。因此控制齿轮箱的温升是保证风电齿轮箱持久可靠运行的必要条件。冷却系统应能有效地将齿轮动力传输过程中发出的热量散发到空气中去。

此外，在冬季如果长期处于0℃以下时，应考虑给齿轮箱的润滑油加热，以保证润滑油不至于在低温黏度变低时无法飞溅到高速轴轴承上进行润滑，而造成高速轴轴承损坏。目前，大型风力发电机组齿轮箱均带有强制润滑冷却系统和加热器，但在一些气温很少低于0℃的地区，则无须考虑加热器。

控制变频器由系统运行进行实时监控的控制设备，以及对发电机转子绕组输入电流与发电机输出电流进行变频处理的变频设备组成，如图5-4所示。随着风力发电机的发展，系统的辅助及控制装置越来越多，控制变频器所承担的任务也因此越来越复杂，产生的热量也越来越大。为了保护风力发电机系统各部件的长期稳定运行，需要及时对控制变频器进行冷却处理。

图5-4　控制变频器

二、风力发电机组的冷却方式

发电机内的各种不同绝缘材料都有相应的最高允许工作温度，在超过此温度下长期工作时，绝缘材料的电性能、力学性能和化学性能等就会迅速变坏或者引起快速老化，导致发电机故障。

齿轮箱内的润滑油在其允许最高工作温度范围内，其化学性能和润滑效能不会发生显著变坏。如果长期超温，润滑油膜将遭到破坏而失去润滑作用，导致齿轮啮合面或轴承表面损坏，造成设备事故。

随着风力发电机组的功率越来越大，变频器越来越复杂，发热也越来越大。如果热量不能及时散出，将会大大降低变频器安全性和使用寿命。

目前，比较主流的发电机冷却方式有空冷方式和液冷方式。

1. 空冷方式

空冷方式是指利用空气与风力发电机组发热设备直接进行热交换以达到冷却效果，它包括自然风冷和强制风冷两种方式。

自然风冷是指发电机组不设置任何冷却设备，发热设备暴露在空气中，有空气自然流通将热量带走。适用于小型风力发电机组或直驱永磁发电机组，见图 5-5。

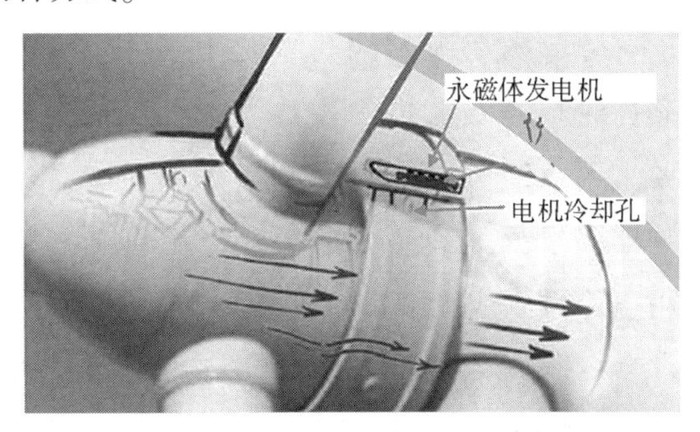

图 5-5　某公司 1.5MW 永磁直驱风力发电机

强制风冷是指在自然风冷无法满足冷却需求时，通过在发热设备内部设置风扇，当发热设备温度达到一定限制值时，控制系统将启动风扇，对发热设备内部各部件进行强制鼓风，从而达到冷却效果，见图 5-6。

图 5-6　某型强制风冷发电机

2. 液冷方式

由热力学知识可知，冷却系统中的热平衡方程式为：

$$Q=q_m c_p \left(t_2-t_1\right)$$

在上式中，Q 为系统的总散热量；q_m 为冷却介质的质量流量；c_p 为冷却介质的平均定压比热容；t_1 与 t_2 分别为冷却介质的进口与出口温度。

由于液体工质的密度与比热容都要远远大于气体工质，因此冷却系统采用液体冷却介质时，能够获得更大的制冷量，而结构可以设计更为紧凑，能有效解决风冷系统制冷量小与体积庞大的问题。

对于兆瓦级的风力发电机系统而言，其齿轮箱与发电机的发热量较大，通常需要采用液冷方式进行冷却，见图 5-7。变频器则根据变频功率的大小，可以选择采用空冷方式或者液冷方式。

在一套风力发电机系统中，根据发热设备发热量的大小，往往采用不同的冷却相结合的方式，见图 5-8。

图 5-7　某型水冷发电机

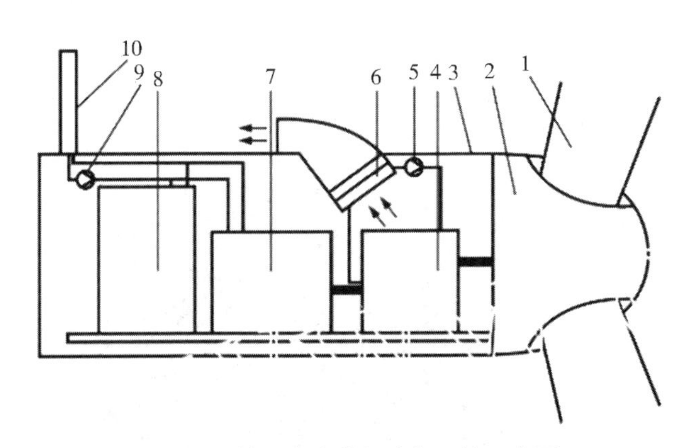

图 5-8　某风力发电机冷却系统示意图

1—叶片；2—轮毂；3—机舱盖；4—齿轮箱；5—油泵；6—润滑油冷却器；7—发电机；8—控制变频器；9—水泵；10—外部散热器

三、风电机组冷却系统电机泵与热交换器电气的接线方法

（一）发电机绕组温度传感器的接线方法

发电机在运行过程中，需要监测各相绕组的温升情况，以便对电机进行停机保护。

由于自然风冷发电机无外设散热系统，故只需要将发电机温度传感器线缆按照电气原理图要求接入控制柜对应端子。温度传感器电缆排布按照电气工艺指导书执行。

发电机温度传感器一般采用三线制 PT100（PT100 在之前的章节有讲解，这里不做详细介绍），其中有两红色线根是连通的，目的为提高测温精度，用万用表检测，其阻值为 0。

将发电机定子中引出的绕组温度传感器穿入发电机温度传感器接线盒中。从接线盒 PG 锁母算起，预留合适长度后，将多余部分剪去。注意保留线缆上的标示或线号。

剥除 PT100 电缆头 50 mm 左右，用一个 0.75 mm^2 的管型预绝缘端子将 2 根红色线压接在一起，使用一个 0.5 mm^2 的管型预绝缘端子将传感器银色线压接，屏蔽线使用一个 0.75 mm^2 的管型预绝缘端子压接并使用热缩管防护。将所有传感器压接完成后，穿入接线盒。

以某公司发电机温度传感器接线盒内的接线为例，其有 2 套绕组，2 个接线盒。其接线步骤如下。

（1）严格按照接线图所示的对应关系完成 PT100 接线盒 A 和 B 内部接线，如图 5-9 和图 5-10 所示。

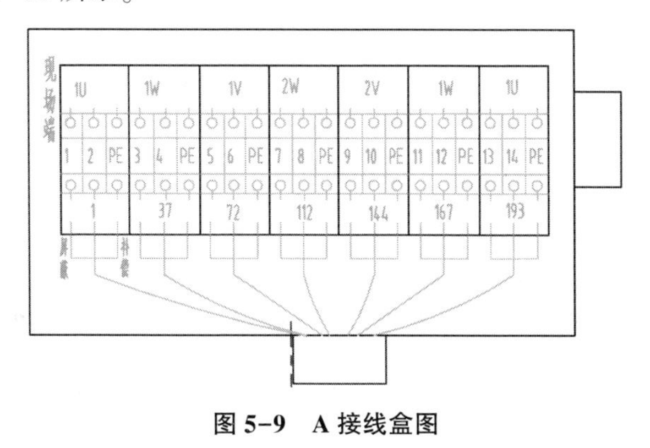

图 5-9　A 接线盒图

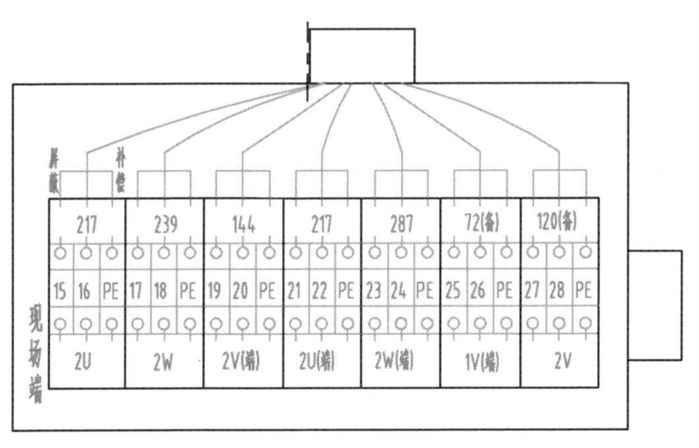

图 5-10　B 接线盒图

（2）使用端子将温度传感器按照图纸要求接入对应端子，如图 5-11 所示。

图 5-11　接线盒接线图

（二）强制风冷发电机冷却系统接线方法

强制风冷通过在发电机的上部安装若干个冷却风机或者在发电机外部安装一套风冷系统，向发电机内部吹入温度较低的空气，该低温空气流经发电机内部带走热量后通过冷却器进行热交换，从而达到冷却发电机的效果。

下面就以某公司外部风冷系统为例，介绍其接线方法，见图 5-12。

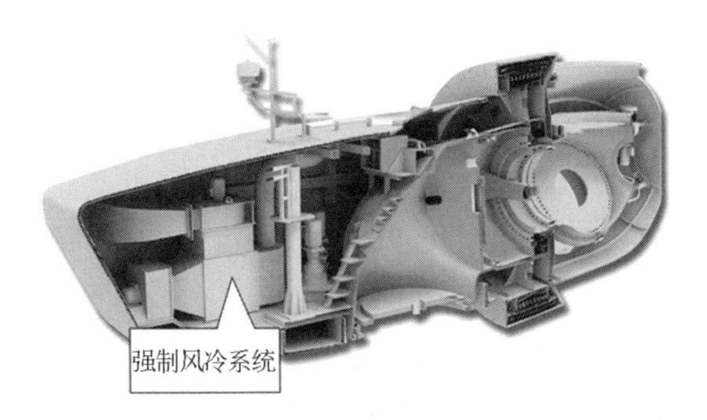

图 5-12　某公司强制风冷发电机系统

该强制风冷系统有 2 套散热器构成，每套散热器分为内循环和外循环。内、外循环分别安装有散热电机及温度传感器，见图 5-13。

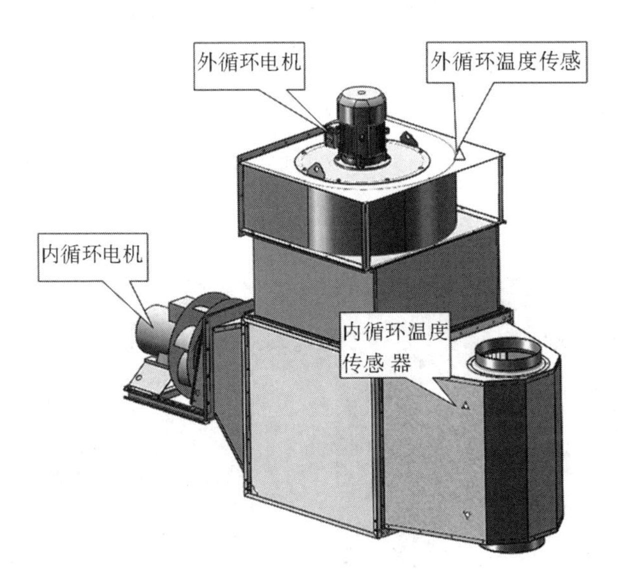

图 5-13　某强制风冷散热器

1. 内循环电机和外循环电机接线

首先，要根据电气原理图和电缆配置清单要求，选择正确的电缆。电机一般采用三角形接法，并且有热敏保护电阻。

将电机动力电缆根据工艺要求剥除外层绝缘层，根据接线柱，压接不同型号的环形预绝缘端子。按照线号 1、2、3 或者棕、蓝、黑对应接到 U1、V1、W1 接线柱，4 号线或者黄绿线接地。

热敏电阻信号线剥除屏蔽层后，使用热缩管防护，并将线号为1、2或者棕、蓝接入电机的热敏接线端子P1和P2。电机内部接线如图5-14所示。电缆走向按照电气安装布线作业指导书要求布线。

图5-14　散热电机内部接线

2. 温度传感器接线

温度传感器为铠装PT100，根据研发设计图纸中安装位置的要求，在散热器内、外循环进、出口处开孔，安装温度传感器，如图5-15和图5-16所示。

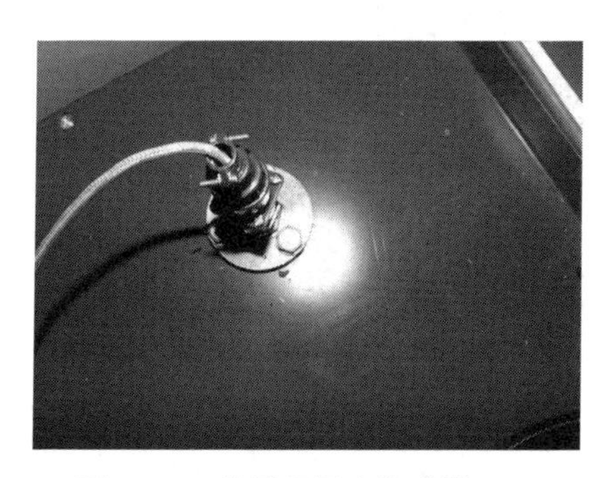

图5-15　外循环温度传感器

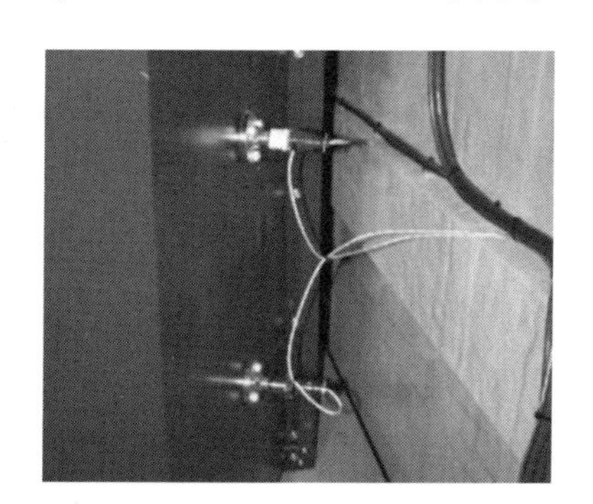

图5-16　内循环温度传感器

内循环电机和外循环电机为由变频器控制的可变速电机。将内循环电机和外循环电机动力电缆和热敏保护电缆接入变频柜。根据线径，选择合适的管型预绝缘端子，按照图纸或者接线工艺要求，将电机动力电缆和热敏保护电缆分别接入对应端子排，如图5-17所示。

内循环电机和外循环温度传感器电缆走向根据布线工艺要求排布，并接入温度监测箱内。用一个0.75 mm^2 的管型预绝缘端子将2根红色线压接在一起，使用一个 0.5 mm^2 的管型预绝缘端子将传感器银色线压接，屏蔽线使用一个 0.75 mm^2 的管型预绝缘端子压接并使用热缩管防护。将温度传感器根据图纸或接线工艺要求，接入对应端子，如图 5-18 所示。

图 5-17　变频器内接线

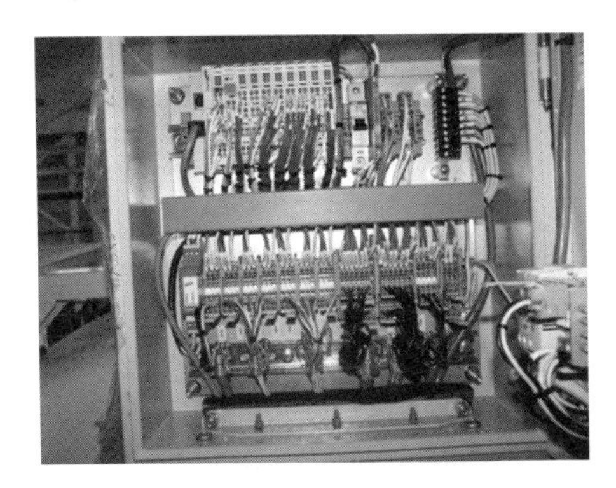

图 5-18　内、外循环温度传感器接线

至此，此套强制风冷系统电气接线完成。

(三) 液冷发电机接线

大部分兆瓦级双馈发电机采用液冷方式，主要冷却液为乙二醇和防腐抑制剂混合物，通过热泵系统，驱动冷却液在发电机内流动。其结构如图 5-19 所示。

在液冷发电机系统中，需要接线的器件分别如下。

(1) 环水泵电机。采用三角形接法，动力电源线号 1、2、3 分别接到电机内部接线盒的 U1、V1、W1 接线柱，4 号线接 PE。

(2) 散热器风扇电机。采用三角形接法，动力电源线号 1、2、3 或者棕、蓝、黑分别接到电机内部接线盒的 U1、V1、W1 接线柱，4 号线或黄绿线接 PE。

(3) 温度传感器 PT100。用一个 0.75 mm^2 的管型预绝缘端子将 2 根红色线压接在一起，使用一个 0.5 mm^2 的管型预绝缘端子将传感器银色线压接。屏蔽线使用一个 0.75 mm^2 的管型预绝缘端子压接并使用热缩管防护。按照图纸或接线工艺要求，将传感器接入相应端子。

(4) 压力传感器。采用压阻式传感器，可以实时将管路的压力信号传输至控制端。采用两线制，分别将线号 1、2 接到压力传感器的 1 号和 3 号端子，黄绿接 PE。

（5）三通阀。三通阀接线使用 7 芯线缆，按照图纸要求，分别将线号为 1、2、3、4、5、6、7 接到三通阀的对应端子上。

（6）加热器。在水温低于设定温度时，需要对冷却水进行加热，加热器一般安装在发电机内部或水冷系统。

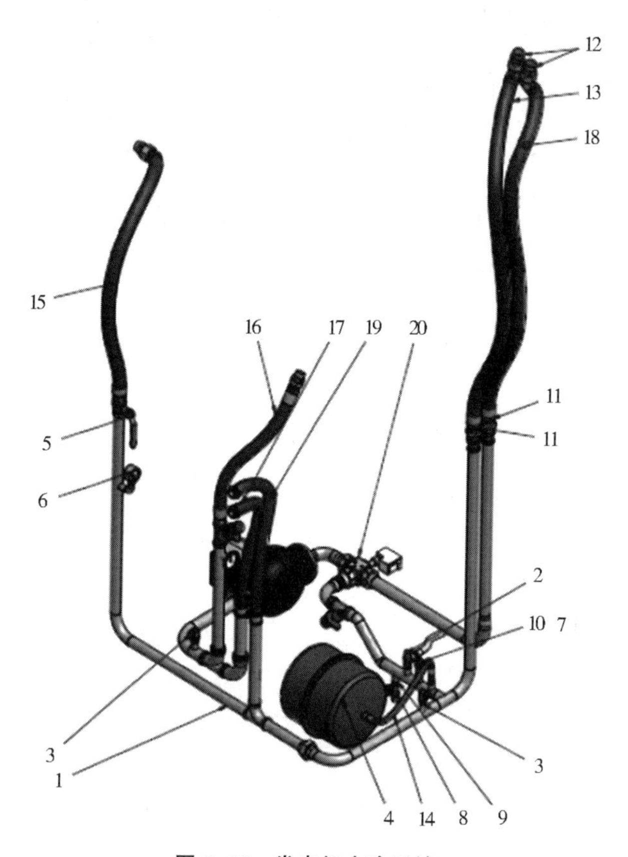

图 5-19　发电机水冷系统

1—回程管理；2—隔膜安全阀；3—温度传感器 PT100；4—储能灌；5—球阀；6—压力表；7—异径管接头；8—排水管；9—双向短接灌；10—压力传感器；11—接头套管；12—直通管接头；13—散热器供水软管；14—增压容器承压软管；15—发电机回程软管；16—发电机供水软管；17—NCC3xx 供水软管；18—散热器回程软管；19—NCC3xx 回程软管；20—三通阀

加热器一般使用 220 V 电压，功率根据所需加热量不同而有所差异。使用 2

芯线，分别将棕、蓝接到加热器的 L 和 N 端子，黑色接 PE。

电缆走向按照电气接线工艺要求排布，完成接线后，需再次核对接线是否有误。水循环系统和外部散热器接线，见图 5-20 和图 5-21。

图 5-20　发电机冷却水循环系统

图 5-21　散热器

（四）齿轮箱接线

齿轮箱作为风力发电机的重要部件，其工作状态和工作安全关乎整套发电机设备的正常运行。

齿轮箱的润滑是十分重要的，良好的润滑能够对齿轮和轴承起到足够的保护作用，通常采用飞溅润滑或强制润滑。大型风力发电机齿轮箱一般以强制润滑为主，因此，配备可靠的润滑系统尤为重要。在机组润滑系统中，齿轮泵从油箱将油液经滤油器输送到齿轮箱的润滑系统，对齿轮箱的齿轮和传动件进行润滑，管路上装有各种监控装置，确保齿轮箱在运转过程中不会出现断油。齿轮箱润滑系统如图 5-22 所示。

在齿轮箱润滑系统中，主要的电气设备为油泵电机、换热器风扇电机、油泵待机加热器、齿轮箱加热器、换热器待机加热器、齿轮箱油位传感器、齿轮箱润滑油压力传感器、齿轮箱润滑油温度传感器、换热器温度传感器、滤清器压力传感器。

油泵电机和换热器电机均采用三线电机，并且可以实现星形接法和三角形接法的切换。电缆一般选择 7 芯，线号 1、2、3 分别接到 U1、V1、W1 接线柱，线号 4、5、6 分别接到 V2、U2、W2 接线柱。7 号线接到 PE 接地点。电缆排布按照电气布线工艺要求完成。

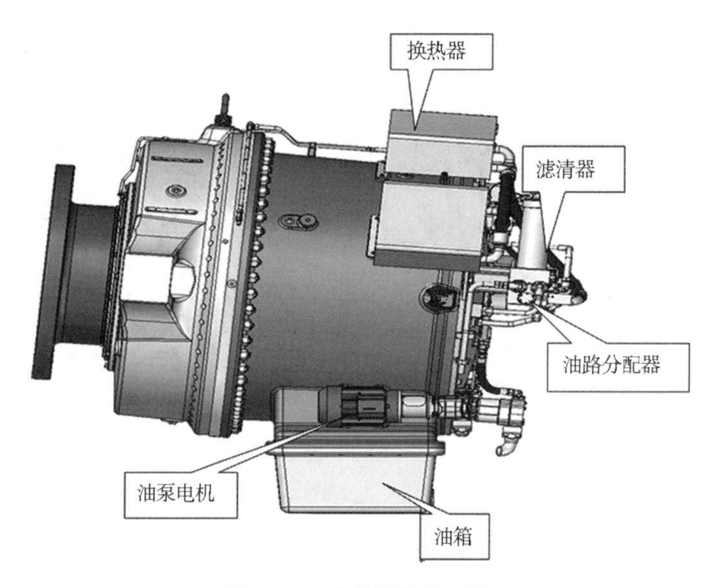

图 5-22　齿轮箱润滑系统

油泵待机加热器和换热器待机加热器均采用一火线和一零线供电方式，选择电缆为三芯电缆，将棕、蓝、黑分别接到加热器的 L、N 和接地端子。电缆排布按照电气布线工艺要求完成。

齿轮箱加热器，见图 5-23，采用三线供电方式，选择电缆为耐高温 4 芯电缆，分别将线号 1、2、3 号线接入到加热器的 L1、L2、L3 接线柱，线号 4 接地。

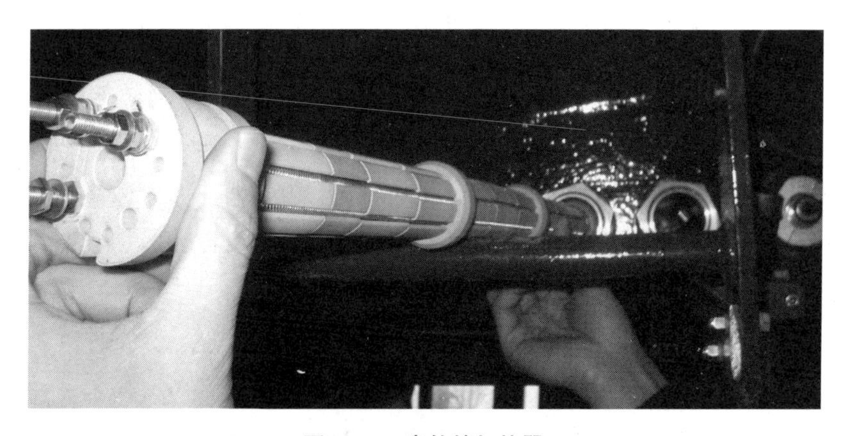

图 5-23　齿轮箱加热器

齿轮箱温度传感器主要包括齿轮箱油温度传感器、齿轮箱油入口温度、齿轮箱前、后轴温度传感器、换热器温度传感器，传感器类型均为 PT100。接线时，用一个 0.75 mm^2 的管型预绝缘端子将 2 根红色线压接在一起，使用一个0.5 mm^2 的管型预绝缘端子将传感器银色线压接，屏蔽线使用一个 0.75 mm^2 的管型预绝缘端子压接并使用热缩管防护。按照图纸或接线工艺要求，将传感器接入相应端子。

齿轮箱润滑油传感器和滤清器压力传感器采用压阻式，采用 2 芯电缆，分别将线号 1、2 接入到压力传感器的“+”和“-”。屏蔽层使用热缩管防护后，接入 PE 端子。电缆排布按照电气布线工艺要求完成。

齿轮箱油位传感器安装在齿轮箱的后端。通过这个油位传感器，控制系统可以对齿轮箱内部润滑油的油位进行时时监控，当油位低于系统设定值时，系统会自动发出报警以便添加润滑油。油位传感器采用 2 芯电缆，分别将线号 1、2 接入到油位传感器的“1”和“2”。屏蔽层使用热缩管防护后，接入 PE 端子。电缆排布按照电气布线工艺要求完成。

第二节　控制系统装配

一、控制系统电气接线原理图识读知识

电气图是掌握风力发电机组知识的必经之路，是处理机组故障最重要的资料，也是电控系统设计的第一步。掌握电气接线图的应用，独立读图将对今后处理、分析电控系统故障提供保障。电气图主要类型有以下几种。

（1）系统图或框图。用符号或带注释的框，概略表示系统或分系统的基本组成、相互关系及其主要特征的一种简图。

（2）电路图。用图形符号并按工作顺序排列，详细表示电路、设备或成套装置的全部组成和连接关系，而不考虑其实际位置的一种简图。其目的是便于详细理解作用原理、分析和计算电路特性。

（3）功能图。表示理论的或理想的电路而不涉及实现方法的一种图，其用

途是提供绘制电路图或其他有关图的依据。

（4）逻辑图。主要用二进制逻辑（与、或、异或等）单元图形符号绘制的一种简图，其中只表示功能而不涉及实现方法的逻辑图叫纯逻辑图。

（5）功能表图。表示控制系统的作用和状态的一种图。

（6）等效电路图。表示理论的或理想的元件（如 R、L、C）及其连接关系的一种功能图。

（7）程序图。详细表示程序单元和程序片及其互连关系的一种简图。

（8）设备元件表。把成套装置、设备和装置中各组成部分和相应数据列成的表格，其用途表示各组成部分的名称、型号、规格和数量等。

（9）端子功能图。表示功能单元全部外接端子，并用功能图、表图或文字表示其内部功能的一种简图。

（10）接线图或接线表。表示成套装置、设备或装置的连接关系，用以进行接线和检查的一种简图或表格。

①单元接线图或单元接线表。表示成套装置或设备中一个结构单元内的连接关系的一种接线图或接线表。

②互连接线图或互连接线表。表示成套装置或设备的不同单元之间连接关系的一种接图或接线表（线缆接线图或接线表）。

③端子接线图或端子接线表。表示成套装置或设备的端子，以及接在端子上的外部接线（必要时包括内部接线）的一种接线图或接线表。

④电费配置图或电费配置表。提供电缆两端位置，必要时还包括电费功能、特性和路径等信息的一种接线图或接线表。

（11）数据单。对特定项目给出详细信息的资料。

（12）简图或位置图。表示成套装置、设备或装置中各个项目的位置的一种简图叫位置图。指用图形符号绘制的图，用来表示一个区域或一个建筑物内成套电气装置中的元件位置和连接布线。

在风力发电机组图纸中，主要掌握电气接线原理图。要想掌握电气接线原理图，必须了解原理图中电气符号的含义、标注原则和使用方法，才能看懂电路图的工作原理，设计出标准的电路。

电气负荷包括图形符号、文字符号、项目代号和回路标号等。它们相互关联，互为补充，以图形和文字的形式从不同角度为电气图提供各种信息，如图5-24所示。

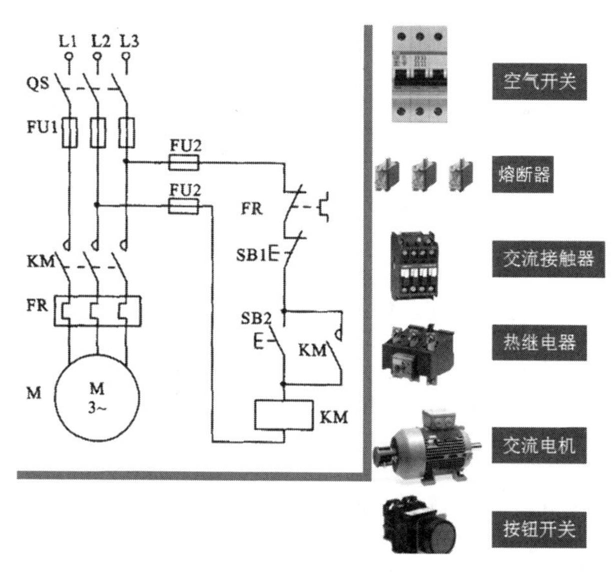

图 5-24　电气符号与实物对照

在电气原理图中，一些常用的电气符号需要熟知。

（一）常用电气图形符号

电气图形符号是电气技术领域的重要信息语言，它提供了一类设备及元件的共同符号，这样在电路中就能以一种简单的图形方式表示某个设备或者器件，为画图提供了简便性和方便性。

图形符号由一般符号、符号要素和限定符号等组成。

一般符号表示一类产品或此类产品的一种通常很简单的符号。

符号要素具有确定意义的简单图形，必须同其他图形组合以构成一个设备或概念的完整符号。

限定符号是用以提供附加信息的一种加在其他符号上的符号。它一般不能单独使用，但一般符号有时也可用作限定符号。

图形符号的分类如下所示。

（1）导线和连接器件。各种导线、接线端子和导线的连接、连接器件、电缆附件等。

（2）无源元件。包括电阻器、电容器和电感器等。

（3）半导体管和电子管。包括二极管、三极管、晶闸管、电子管和辐射探测器等。

（4）电能的发生和转换。包括绕组、发电机、电动机、变压器、变流器等。

（5）开关、控制和保护装置。包括触点（触头）、开关、开关装置、控制装置、电动机启动器、继电器、熔断器、间隙和避雷器等。

（6）测量仪表、灯和信号器件。包括指示积算和记录仪表、热电偶、遥测装置、电钟、传感器、灯、喇叭和铃等。

（7）电信交换和外围设备。包括交换系统、选择器、电话机、电报和数据处理设备、传真机、换能器、记录和播放等。

（8）电信传输。包括通信电路、天线、无线电台及各种电信传输设备。

（9）电力、照明和电信布置。包括发电站、变电站、网络、音响和电视的电缆配电系统、开关、插座引出线、电灯引出线、安装符号等。适用于电力、照明和电信系统和平面图。

（10）二进制逻辑单元。包括组合和时序单元、运算器单元、延时单元、双稳、单稳和非稳单元、位移寄存器、计数器和储存器等。

风力发电机组电气原理图中常用电气图形符号，见表5-1。

表5-1　常用电气图形符号

序号	名称	图形符号	器件/设备
1	开关或触点		
2	熔断器		
3	热敏开关		

续表

序号	名称	图形符号	器件/设备
4	熔断式断路器		
5	空开	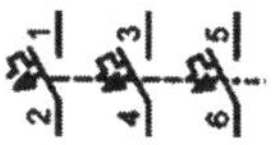	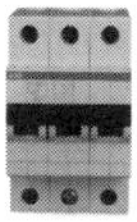
6	马达断路器	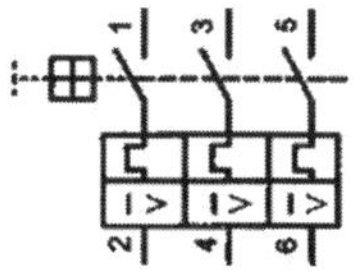	
7	漏电保护开关	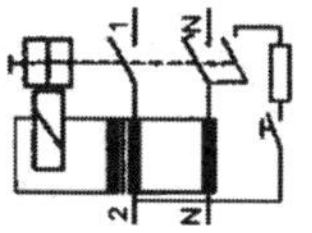	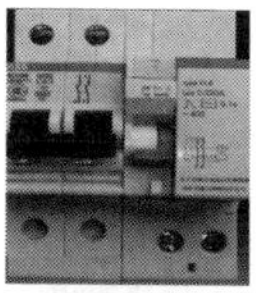
8	蓄电池	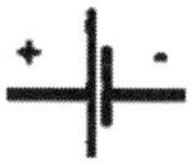	
9	指示灯		
10	端子		
11	哈丁头		

续表

序号	名称	图形符号	器件/设备
12	温度传感器 PT100		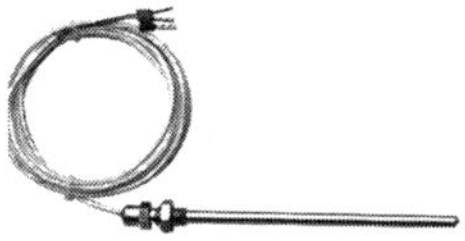
13	加热器		
14	照明灯		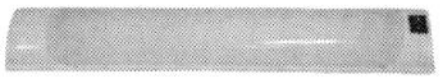
15	电阻		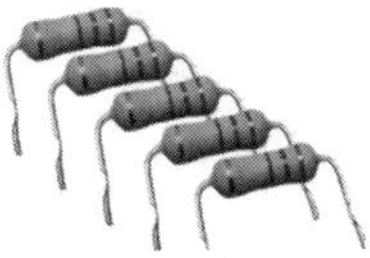
16	防雷模块		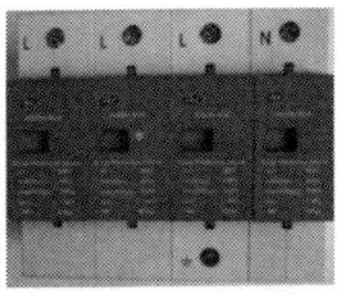
17	温控开关	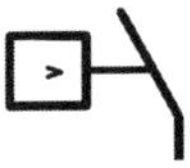	
18	继电器或接触器控制线圈	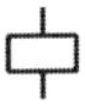	
19	急停按钮	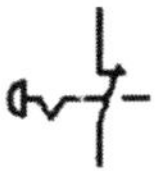	

续表

序号	名称	图形符号	器件/设备
20	按钮开关	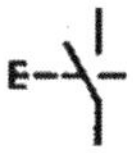 E	
21	钥匙开关	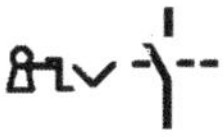	
22	三相变压器	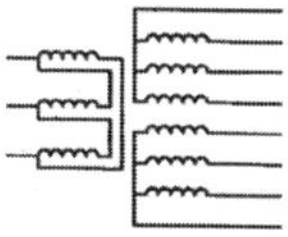	
23	电机	 M	
24	压力开关	 P	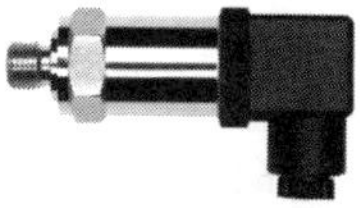
25	电磁阀	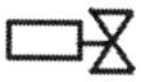	
26	油位计	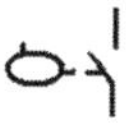	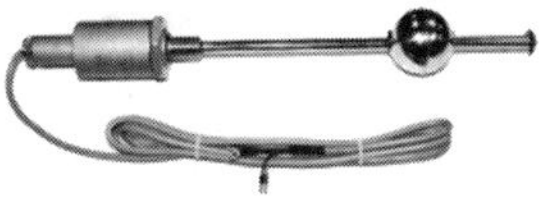
27	电位计	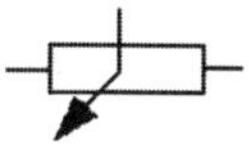	
28	接近开关		

常用图形符号应用的说明有如下几点。

（1）在所有的图形符号，均由按无电压、无外力作用的正常状态示出。

（2）在图形符号中，某些设备元件有多个图形符号，有优选形、其他形（形式 1、形式 2）等。选用符号的遵循原则：尽可能采用优选形；在满足需要的前提下，尽量采用最简单的形式；在同一图号的图中使用同一种形式。

（3）符号的大小和图线的宽度一般不影响符号的含义，在有些情况下，为了强调某些方面或者为了便于补充信息，或者为了区别不同的用途，允许采用不同大小的符号和不同宽度的图线。

（4）为了保持图面的清晰，避免导线弯折或交叉，在不致引起误解的情况下，可以将符号旋转或成镜像放置，但此时图形符号的文字标注和指示方向不得倒置。

（5）图形符号一般都画有引线，但在绝大多数情况下引线位置仅用作示例，在不改变符号含义的原则下，引线可取不同的方向。如引线符号的位置影响到符号的含义，则不能随意改变，否则引起歧义。

（6）在《电气图用图形符号总则》GB 4728—2008 中比较完整地列出了符号要素、限定符号和一般符号，但组合符号是有限的。若某些特定装置或概念的图形符号在标准中未列出，允许通过已规定的一般符号、限定符号和符号要素适当组合，派生出新的符号。

（7）符号绘制。电气图用图形符号是按网格绘制出来的，但网格未随符号示出。

（二）常用文字符号

文字符号是用来表示电气设备、装置和元器件的名称、功能、状态、特征的字母代码和功能字母代码，可在电气设备、装置和元器件上或其近旁使用。文字符号由基本文字符号和辅助文字符号组成。

1. 基本文字符号

基本文字符号主要表示电气设备、装置和元器件的种类名称。基本文字符号分单字母和双字母符号。

单字母符号是按拉丁字母将各种电器设备、装置和元器件划分为 23 种大类，每个大类用一个专用单字母符号表示，如“R”表示电阻类、“C”表示电容器类。

双字母符号是由一个表示种类的单字母符号与另一字母组成，其组合形式以单字母符号在前、另一字母在后的顺序标出，如“RT”表示热敏电阻器、“R”表示电阻。“T”表示 Thermistor，只是单字母符号不能满足要求须进一步划分时，方采用双字母符号，以示区别。在使用字母符号时，第一个字母按《电气技术中的文字符号制定通则》中单字母表示的种类使用；第二个字母可按英文术语缩写而成。基本文字符号一般不超过两位字母。

风力发电机组电气原理图中常用文字符号，见表 5-2。

表 5-2 常用文字符号

文字符号	说明	文字符号	说明	文字符号	说明
A	组件、部件	QS	隔离开关	SB	按钮开关
AB	电桥	R	电阻器	T	变压器
AD	晶体管反放大器	RP	电位器	TA	电流互感器
AJ	集成电路放大器	RS	测量分路表	TM	电力变压器
AP	印制电路板	RT	热敏电阻器	TV	电压互感器
B	非电量与电量互换器	RV	压敏电阻器	V	电子管、晶体管
C	电容器	SA	控制开关、选择开关	W	导线
D	数字集成电路和器件	F	保护器件	X	端子、插头、插座
EL	照明灯	FU	熔断器	XB	连接片
L	电感器、电抗器	FV	限压保护器件	XJ	测试插孔
M	电动机	G	发电机	XP	插头
N	模拟元件	GB	蓄电池	XS	插座
PA	电流表	HL	指示灯	XT	接线端子板
PJ	电能表	KA	交流继电器	YA	电磁铁
PV	电压表	KD	直流继电器		
QF	断路器	KM	接触器		

其中，“I”“O”易同阿拉伯数字“1”和“0”混淆，不允许使用，字母“J”也未采用。

2. 辅助文字符号

电气辅助文字符号是用来表示电气设备、装置和元器件和线路的功能、状态、特征的，如“E”表示接地、“GN”表示绿色等。辅助文字符号可放在表示种类的单字母后边组成双字母符号，如“SP”表示压力传感器、“YB”表示电磁制动器等。为简化文字符号，若辅助文字符号由两个以上字母组成时，只采用其中第一位字母进行组合，如“MS”表示同步电动机、“S”为辅助文字符号“SYN”的第一个字母。辅助文字符号可单独使用，如“ON”表示接通、“N”表示中性线、“PE”表示接地保护等。

风力发电机组电气原理图中常用辅助文字符号，见表5-3。

表5-3 常用辅助文字符号

文字符号	说明	文字符号	说明	文字符号	说明
A	电流	H	高	R	反
AC	交流	IN	输入	R/RST	复位
A/AUT	自动	L	低	RUT	运转
ACC	加速	M	主、中	S	信号
ADJ	可调	M/MAN	手动	ST	启动
B/BRK	制动	N	中性线	S/SET	置位、定位
C	控制	OFF	断开	STP	停止
D	数字	ON	接通、闭合	T	时间、温度
DC	直流	OUT	输出	TE	无噪声接地
E	接地	PE	保护接地	V	电压

3. 文字符号的组合

文字符号的组合形式一般为：基本符号+辅助符号+数字序号。

例如，第一台电动机，其文字符号为M1；第一个接触器，其文字符号为KM1。

在电气图中，一些特殊用途的接线端子、导线等通常采用一些专用的文字符号。例如，三相交流系统电源分别用“L1、L2、L3”表示，三相交流系统的设备分别用“U、V、W”表示。

数字代码单独使用时，表示各种电器元件、装置的种类或功能，须按序编号，还要在技术说明中对数字代码意义加以说明，见图 5-25。比如三个相同的继电器，可以分别表示为“K1”“K2”和“K3”。

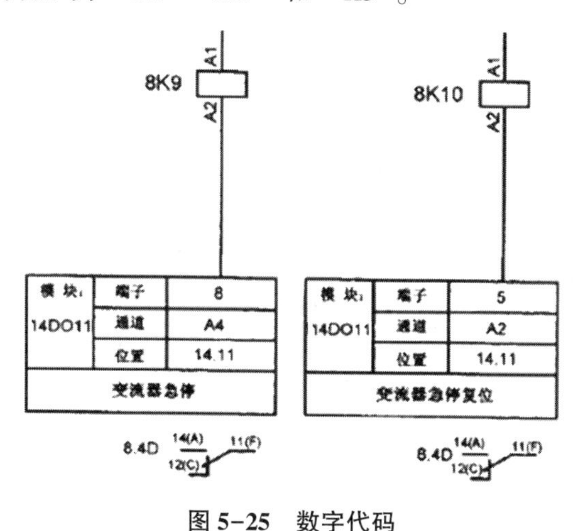

图 5-25　数字代码

在电路图中，电气图形符号的连线处经常有数字，这些数字称为线号，见图 5-26。线号是区别电路接线的重要标志，如 W 1.1、W2.3 。从线号图中可以了解到电缆型号、接线顺序等信息。

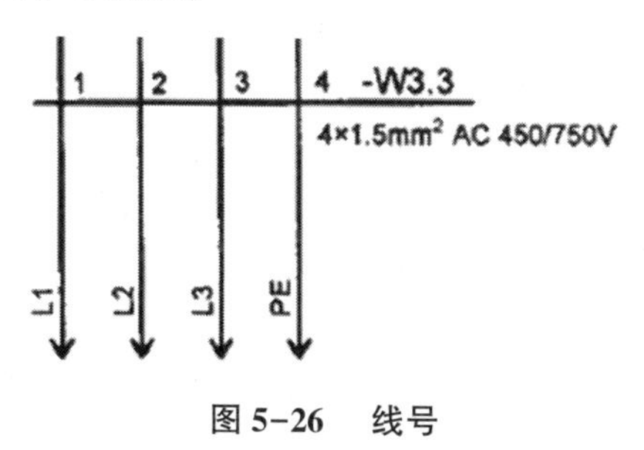

图 5-26　线号

（三）项目代号

项目代号用以识别图、图表、表格和设备上的项目种类，并提供项目的层次关系、实际位置等信息的一种特定的代码。每个表示元件或其他组成部分的符号都必须标注其项目代号。在不同的图、图表、表格、说明书中的项目和设备中的该项目均可通过项目代号相互联系。

项目代号由拉丁字母、阿拉伯数字、特定的前缀符号，按照一定规则组合而成。完整的项目代号包括 4 个相关信息的代号段。每个代号段都用特定的前缀符号加以区别，见表 5-4。

表 5-4　完整项目代号的组成

代号段	名称	定义	前缀符号	示例
第 1 段	高层代号	系统或设备中任何较高层次（对给予代号的项目而言）项目的代号	=	=S2
第 2 段	种类代号	项目在组件、设备、系统或建筑中的实际位置的代号	—	—G6
第 3 段	位置代号	项目在组件、设备、系统或建筑物中的实际位置的代号	+	+C15
第 4 段	端子代码	用以外电路进行电气连接的电器导电件的代号	:	: 11

（1）高层代号的构成。一个完整的系统或成套设备中任何较高层次项目的代号，称为高层代号。例如，S1 系统中的开关 Q2，可表示为 =S1-Q2，其中“S1”为高层代号。X 系统中的第 2 个子系统中第 3 个电动机，可表示为 =2-M3，简化为 =X1-M2。

（2）种类代号的构成。用以识别项目种类的代码，称为种类代号。通常，在绘制电路图或逻辑图等电气图时就要确定项目的种类代号。

确定项目的种类代号的方法有三种。

①第一种方法，也是最常用的方法，是由字母代码和图中每个项目规定的数字组成。按这种方法选用的种类代码还可补充一个后缀，即代表特征动作或作用的字母代码，称为功能代号。可在图上或其他文件中说明该字母代码及其表示的含义。例如，—K2M 表示具有功能为 M 的序号为 2 的继电器。一般情况下，不必增加功能代号。如需增加，为了避免混淆，位于复合项目种类代号中间的前缀符号不可省略。

②第二种方法，是仅用数字序号表示。给每个项目规定一个数字序号，将这些数字序号和它代表的项目排列成表放在图中或附在另外的说明中，如-2、-6 等。

③第三种方法，是仅用数字组。按不同种类的项目分组编号。将这些编号和它代表的项目排列成表置于图中或附在图后。例如，在具有多种继电器的图中，

时间继电器用 11、12、13 表示。

（3）位置代号的构成。项目在组件、设备、系统或建筑物中的实际位置的代号，称为位置代号。通常位置代号由自行规定的拉丁字母或数字组成。在使用位置代号时，应给出表示该项目位置的示意图。

（4）端子代号的构成。端子代号是完整的项目代号的一部分。当项目具有接线端子标记时，端子代号必须与项目上端子的标记相一致。端子代号通常采用数字或大写字母，特殊情况下也可用小写字母表示。例如，-Q3：B，表示隔离开关 Q3 的 B 端子。

（5）项目代号的组合。项目代号由代号段组成，一个项目可以由一个代号段组成，也可以由几个代号段组成。通常项目代号可由高层代号和种类代号进行了组合，设备中的任一项目均可用高层代号和种类代号组成一个项目代号，如=2-G3；也可由位置代号和种类代号进行了组合，如+5-G2；还可先将高层代号和种类代号组合，用以识别项目，再加上位置代号，提供项目的实际安装位置，如=P1-Q2+C5S6M10，表示 P1 系统中的开关 Q2，位置在 C5 室 S6 列控制柜 M10 中。

在电气图上，通常用一个图形符号表示的基本件、部件、组件、功能单元、设备和系统等，称为项目，如 LVD 低压配电柜。

项目有大有小，可能相差很多，大到电力系统、成套配电装置和电机、变压器等，小到电阻器、端子、连接片等，都可以称作项目。

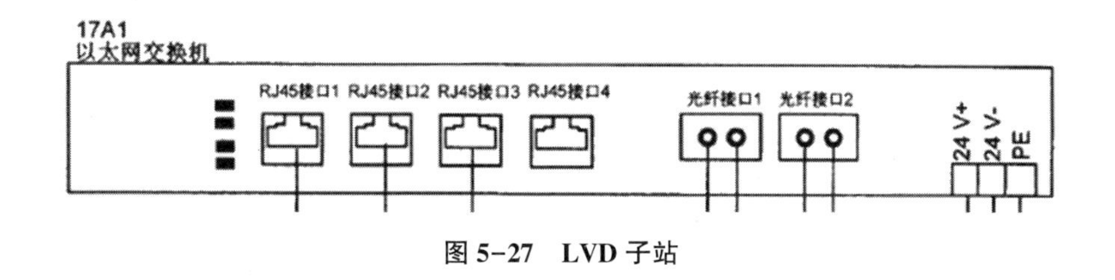

图 5-27　LVD 子站

（四）回路标号

电路图中用来表示各回路种类、特征的文字和数字标号统称为回路标号，也称回路线号，其用途为便于接线和查线，见图 5-28。

回路标号的一般原则：回路标号按照“等电位”原则进行标注。等电位的原则是指电路中连接在一点上的所有导线具有同一电位而标注相同的回路称号。

由电气设备的线圈、绕组、电阻、电容、各类开关和触点等电器元件分隔开的线段，应视为不同的线段，标注不同的回路标号。

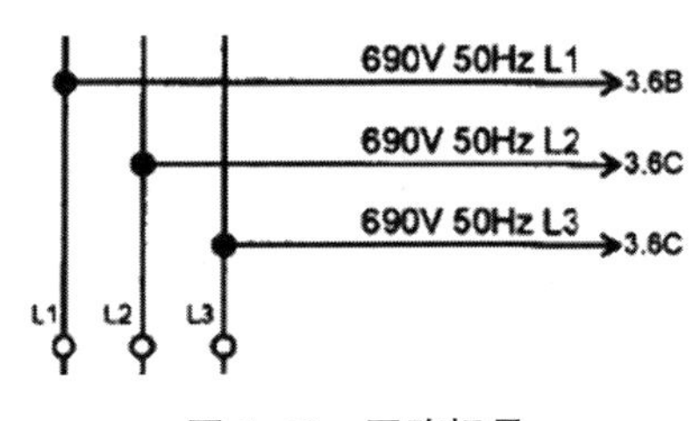

图 5-28　回路标号

（五）识图技巧

1. 四十八字识图箴言

先机后电，由主到辅。

从简到繁，循序渐进。

假想动作，标准掌握。

化整为零，集零为整。

字符结合，典型电路。

统观全局，总结特点。

2. 识图的基本方法

电气控制电路图识图的基本方法是“先机后电、先主后辅、化整为零、统观全局、总结特点”。

（1）先机后电。首先应了解生产机械的基本结构、运行情况、工艺要求和操作方法，以期对生产机械的结构及其运行有总体的了解，进而明确对电力拖动的要求，为分析电路做好前期准备。

（2）先主后辅。从主电路入手，根据每台电动机、电磁阀等执行电器的控制要求去分析它们的控制内容（包括启动、方向控制、调速和制动等）。

（3）集零为整、统观全局、总结特点。在逐个分析完局部电路后，还应统观全部电路，看各局部电路之间的连锁关系，以及电路中设有哪些保护环节。对每一个电路、电器中的每一个触点的作用都应了解清楚。

最后总体检查，经过化整为零，初步分析了每一个局部电路的工作原理和各部分之间的控制关系后，还必须用“集零为整”的方法，检查整个控制电路，看是否有遗漏。特别要从整体角度去进一步检查和理解各控制环节之间的联系，理解电路中每个电气元件的作用。

注意事项：

在读图过程中，特别要注意相互间的联系和制约关系。

二、控制柜电器元件安装及标注

以下是一个图文并茂的控制柜接线工艺规范教程。

1. 元器件安装

（1）前提。所有元器件应按制造厂规定的安装条件进行安装。

适用条件、需要的灭弧距离、拆卸灭弧栅需要的空间等，对于手动开关的安装，必须保证开关的电弧对操作者不产生危险。

（2）组装前首先看明图纸及技术要求。

（3）检查产品型号、元器件型号、规格、数量等与图纸是否相符。

（4）检查元器件有无损坏。

（5）如果有图的话，必须按图安装。

（6）元器件组装顺序应从板前开始，由左至右，由上至下。

（7）同一型号产品应保证组装一致性。

（8）面板、门板上的元件中心线的高度应符合规定：

元器件在操作时，不应受到空间的妨碍，不应有触及带电体的可能。维修容易，能够较方便地更换元器件及维修连线。各种电气元件和装置的电气间隙、爬电距离应符合规定。保证一、二次线的安装距离。

（9）组装所用紧固件及金属零部件均应有防护层，对螺钉过孔、边缘及表面的毛刺、尖锋应打磨平整后再涂敷导电膏。

（10）对于螺栓的紧固应选择适当的工具，不得破坏紧固件的防护层，并注意相应的扭矩。

（11）主回路上面的元器件，一般电抗器、变压器需要接地，断路器不需要接地。图 5-29 为电抗器接地。

图 5-29　电抗器接地

（12）对于发热元件（如管形电阻、散热片等）的安装应考虑其散热情况，安装距离应符合元件规定。额定功率为 75W 及以上的管形电阻器应横装，不得垂直地面竖向安装。图 5-30 所示为错误接法。

图 5-30　管型加热器错误安装

（13）所有电器元件及附件，均应固定安装在支架或底板上，不得悬吊在电器及连线上。

（14）接线面每个元件的附近有标牌，标注应与图纸相符。除元件本身附有供填写的标志牌外，标志牌不得固定在元件本体上。标号应完整、清晰和牢固。

标号粘贴位置应明确、醒目。

①端子标识，如图 5-31 所示。

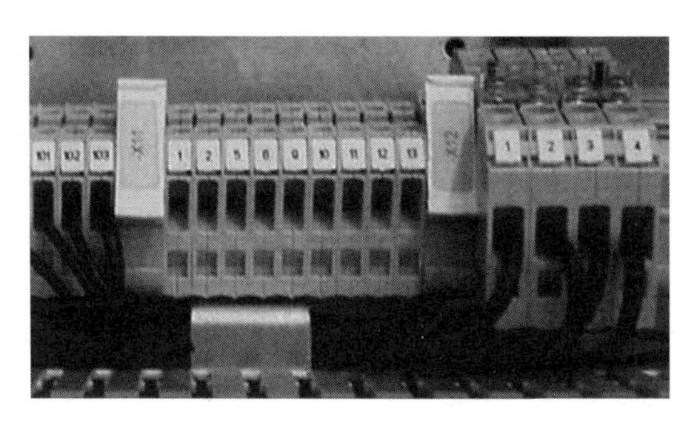

图 5-31　端子标识

②双重标识。标识除在元件标识粘贴处外，还应在安装背板元件下方粘贴相同标识，见图 5-32。

图 5-32　双重标识

（15）安装于面板、门板上的元件、其标号应粘贴于面板及门板背面元件下方，如下方无位置时可贴于左方，但粘贴位置尽可能一致，见图 5-33。

图 5-33　门上器件标识

（16）保护接地连续性利用有效接线来保证。柜内任意两个金属部件通过螺钉连接时如有绝缘层，均应采用相应规格的接地垫圈，并注意将垫圈齿面接触零部件表面，见图 5-34。

图 5-34　接地线固定

图 5-35　门接线

门上的接地处要加“抓垫”，防止因为油漆的问题而接触不好，而且连接线尽量短，见图 5-35。

（17）安装因振动易损坏的元件时，应在元件和安装板之间加装橡胶垫减震。

（18）对于有操作手柄的元件应将其调整到位，不得有卡阻现象，见图 5-36。

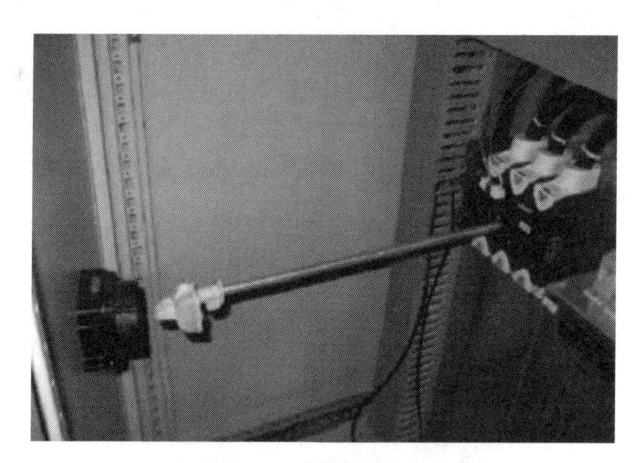

图 5-36　操作手柄安装

（19）将母线、元件上预留给顾客接线用的螺栓拧紧。

2. 二次回路布线

（1）基本要求是按图施工，接线正确。

（2）二次线的连接（包括螺栓连接、插接、焊接等）均应牢固可靠，线束应横平 竖直，配置坚牢，层次分明，整齐美观。见图 5-37。

图 5-37　二次线接线

（3）二次线截面积要求。单股导线 不小于 1.5 mm^2；多股导线不小于 1.0 mm^2；弱电回路不小于 0.5 mm^2；电流回路不小于 2.5 mm^2；保护接地线不小于 2.5 mm^2。

（4）所有连接导线中间不应有接头。

（5）每个电器元件的接点最多允许接两根线。

（6）每个端子的接线点一般不宜接两根导线，特殊情况时如果必须接两根导线，则连接必须可靠。

（7）二次线应远离飞弧元件，并不得妨碍电器的操作。

（8）电流表与分流器的连线之间不得经过端子，其线长不得超过 3 m。

（9）电流表与电流互感器之间的连线必须经过试验端子。

（10）二次线不得从母线相间穿过，见图 5-38。

图 5-38　二次线布线

（11）带电阻的 ProfibusBus 插头的连接（适用于一根电缆的连接）。仅一根电缆连接时，则导线与第一个接口连接，推动开关置“ON”位置，编织的屏蔽带准确地放置在金属导向装置上，见图 5-39。

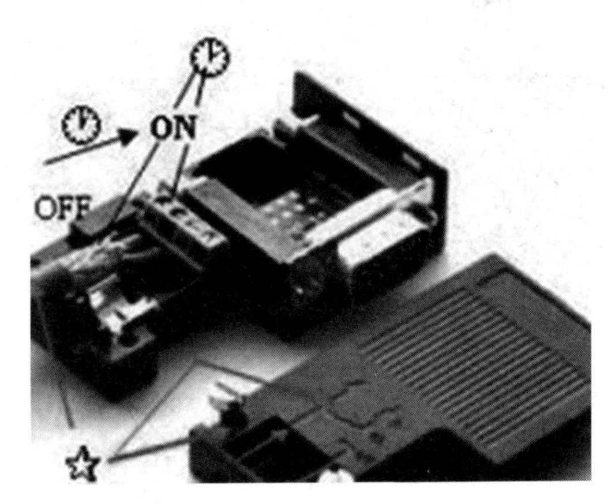

图 5-39　单根 DP 头接线

（12）带电阻的 ProfibusBus 插头的连接（适用于二根电缆的连接）。连接的两根导线是在插头之内串联，推动开关置“OFF”位置，编织的屏蔽带准确地放置在金属导向装置上。

（13）不带电阻的 ProfibusBus 插头的连接。编织的屏蔽带准确地平放在金属导向装置上。向装置中的两根红绿线放置在刀口式端子上，见图 5-40。

绿导线：连接点 A；红导线：连接点 B。

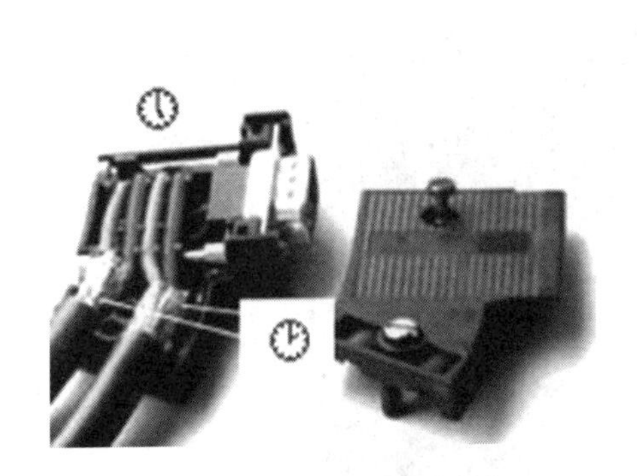

图 5-40　不带电阻 DP 头接线

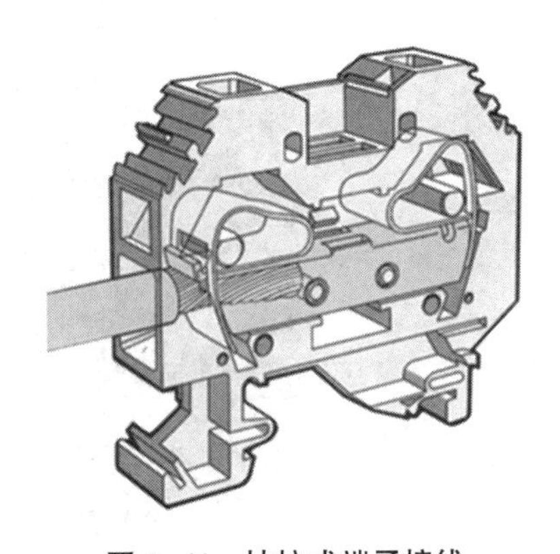

图 5-41　抽拉式端子接线

（14）抽拉式弹簧端子的连接。线的剥线长度 10 mm，导线插入端子口中，直到感觉到导线已插到底部。见图 5-41。

（15）抽屉中 Profibus 屏蔽电缆的连接。拧紧屏蔽线至约 15 mm 长为上；用线鼻子把导线与屏蔽压在一起；压过的线回折在绝缘导线外层上。用热缩管固定导线连接的部分。见图 5-42 和图 5-43。

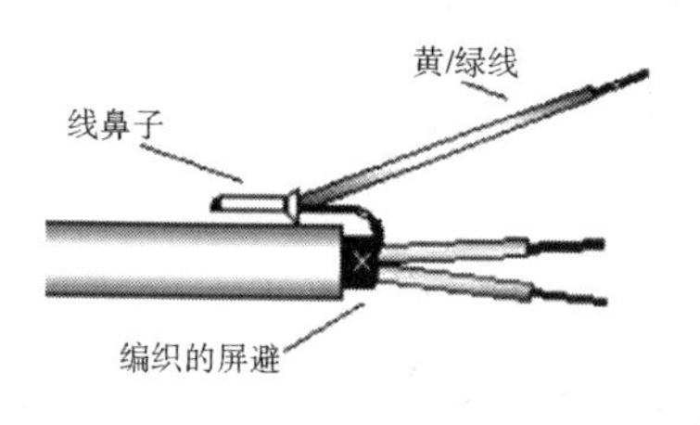

图 5-42　DP 屏蔽线连接

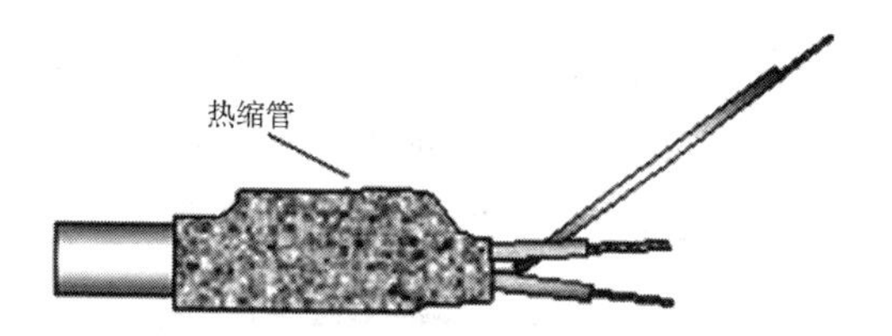

图 5-43　DP 屏蔽线处理

（三）一次回路布线

（1）一次配线，见图 5-44，应尽量选用矩形铜母线。当用矩形母线难以加工时或电流小于等于 100 A 时，可选用绝缘导线。

接地铜母排，见图 5-45，的截面面积 = 电柜进线母排单相截面面积×1/2 接地母排与接地端子。

图 5-44　一次配线

图 5-45　接地铜母排

（2）汇流母线应按设计要求选取，主进线柜和联络柜母线按汇流选取，分支母线的选择应以自动空气开关的脱扣器额定工作电流为准，如自动空气开关不带脱扣器，则以其开关的额定电流值为准汇流母线的正确接法和错误接法分别见图 5-46 和图 5-47。对自动空气开关以下有数个分支回路的，如分支回路也装有自动空气开关，仍按上述原则选择分支母线截面。如没有自动空气开关，比如只有刀开关、熔断器、低压电流互感器等，则以低压电流互感器的一侧额定电流值选取分支母线截面。如果这些都没有，还可按接触器额定电流选取，如接触器也没有，最后才是按熔断器熔芯额定电流值选取。

铜母线载流量选择需查询相关标准。

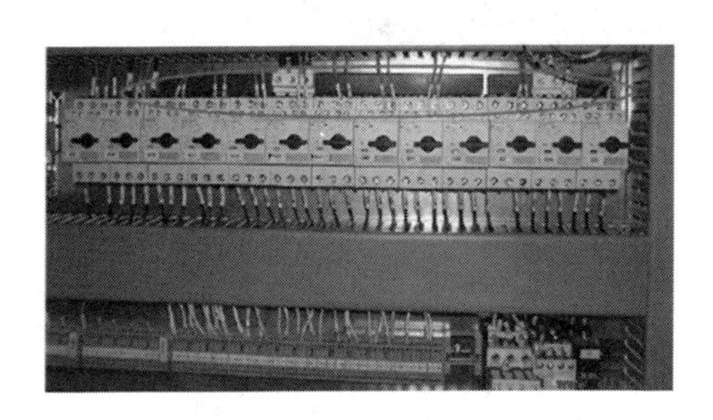

图 5-46　汇流母线正确接法

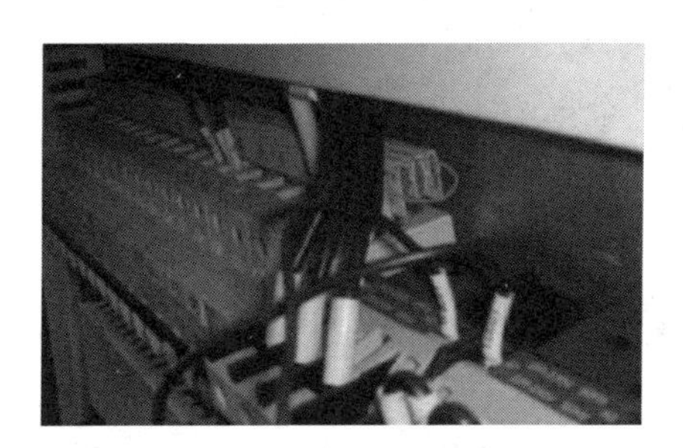

图 5-47　汇流母线错误接法

（3）聚氯乙烯绝缘导线在线槽中，或导线成束状走行时，或防护等级较高时应适当考虑裕量，见图 5-48。

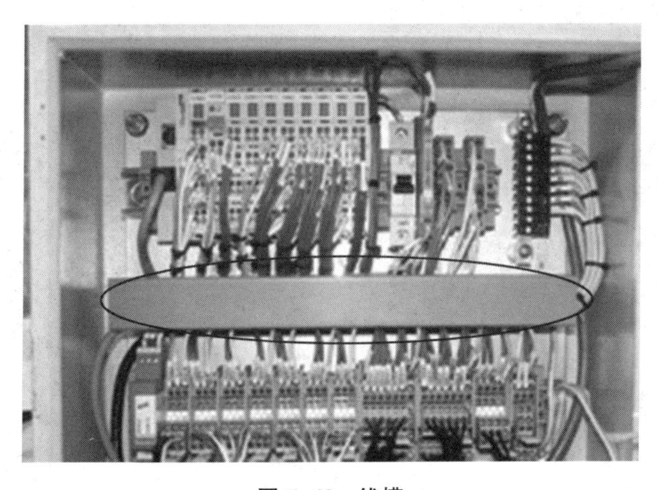

图 5-48　线槽

（4）母线应避开飞弧区域。

（5）当交流主电路穿越形成闭合磁路的金属框架时，三相母线应在同一框孔中穿过。此外，必须把进入线槽的大电缆外层都剥开，把所有导线压进线槽。

（6）电缆与柜体金属有摩擦时，需加橡胶垫圈以保护电缆。PG 锁图防护如图 5-49 所示。

图 5-49 PG 锁母防护

（7）电缆连接在面板和门板上时，需要加塑料管和安装线槽。柜体出线部分为防止锋利的边缘割伤绝缘层，必须加塑料护套。门板电缆防护，见图 5-50。

图 5-50 门板电缆防护

（8）柜体内任意两个金属零部件通过螺钉连接时，如有绝缘层，均应采用相应规格的接地垫圈，并注意将垫圈齿面接触零件表面，以保证保护电路的连续性。

（9）当需要外部接线时，其接线端子及元件接点距结构底部距离不得小于 200 mm，且应为连接电缆提供必要的空间。

（10）提高柜体屏蔽功能，如需要外部接线（见图 5-51），出线时，需加电磁屏蔽衬垫，柜体孔缝要求为缝长或孔径小于 $\lambda/$（10～100）。如果需要在电柜内开通风窗口，交错排列的孔或高频率分布的网格比狭缝好，因为狭缝会在电柜中传导高频信号。柜体与柜门之间的走线，必须加护套，否则容易损坏绝缘层。

图 5-51　柜体外部接线

（11）螺栓紧固标识。生产中紧固的螺栓应标识蓝色；检测后紧固的螺栓应标识红色，见图 5-52。

图 5-52　螺栓紧固标识

（12）注意装配铜排时应戴手套。

附注：

①抽屉单元（尤其是100 mm模高）中连接到二次接插件的二次线长度上应留有裕量。

②铜排冲孔应注意去毛刺，尤其是方孔时。

③绝缘支撑厚度应不大于10 mm，要注意检查。

④装元器件之前要看说明书，否则装完后不易查出。

⑤抽屉机械连锁，尤其是IP42时，要考虑密封条的厚度，或磨成尖角。

⑥抽屉单元按钮弹簧的强度要提高。

⑦大截面积铜排连接后要用塞尺复检，注意平垫的使用。

⑧不同电压等级的端子要分开。

⑨标牌的粘贴。要用3M胶，可用502胶点一下。

⑩门内线槽不能用双面胶粘贴，可以用502胶，注意别留缝隙。

⑪用于外部接线端子的线槽应加大。

⑫线槽不要与主回路输出端太近。

⑬零序互感器要用自身所带铜排连接。

⑭成柜要做出厂检验。

⑮导线经过隔板时要加护套。

⑯导线中间不要有接头。

⑰电缆支架要合理。

⑱考虑安装维护的安全。

（四）电柜布局

（1）保证传动柜中的所有设备接地良好，使用短和粗的接地线连接到公共接地点或接地母排上。连接到变频器的任何控制设备（如一台PLC）要与变频器共地，同样也要使用短和粗的导线接地，见图5-53和图5-54。最好采用扁平导体（如金属网），因其在高频时阻抗较低。

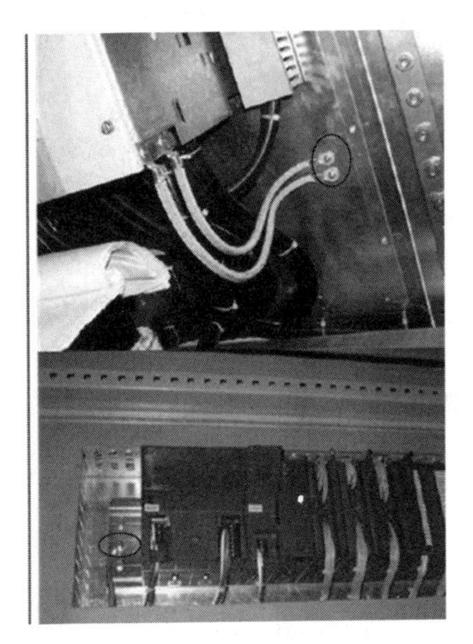

图 5-53　PLC 接地

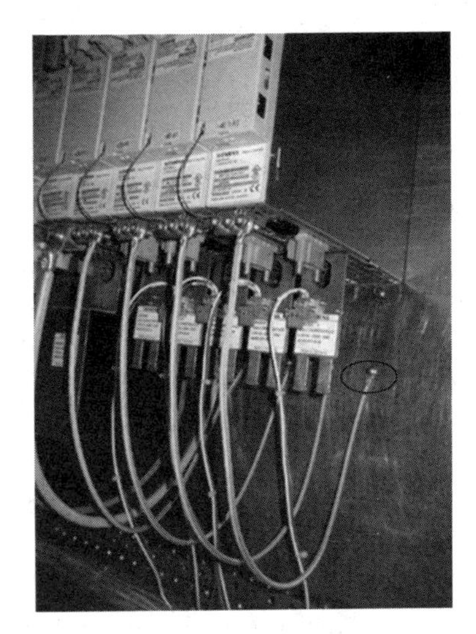

图 5-54　变频器接地

（2）为电柜低压单元，继电器，接触器使用熔断器以保护。当对主电电网的情况不了解时，建议最好从进线电抗器开始。

（3）确保传导柜中的接触器有弧功能，交流接触器采用 R-抑制器，直流接触器采用“飞”二极管，装入绕组中。压敏电抑制器也是很有效的。图 5-55 所示为接触器上面的反向二极管。

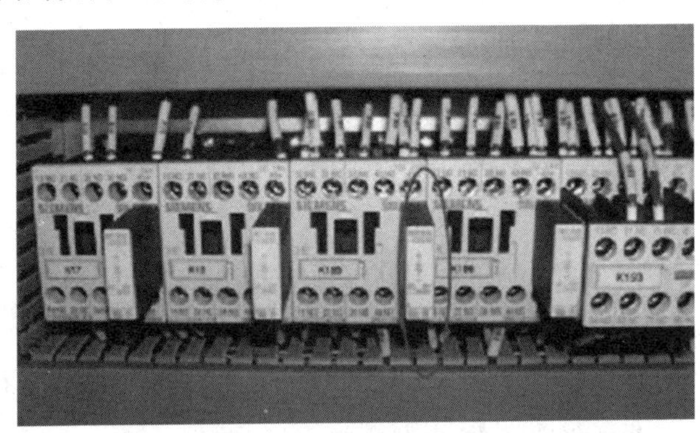

图 5-55　接触器反向二极管

（4）如果设备运行在一个对噪声敏感的环境中，可以采用 EMC 滤波器减小辐射干扰。同时为达到最优的效果，确保滤波器与安装板之间应有良好的接触。EMC 滤波器见图 5-56。

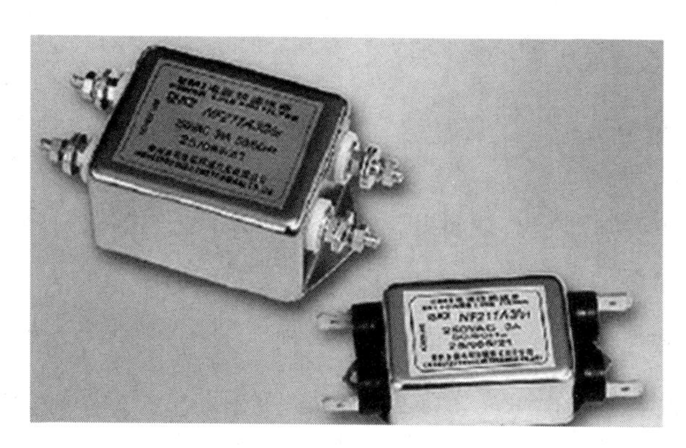

图 5-56　EMC 滤波器

（5）信号线最好只从一侧进入电柜，信号电缆的屏蔽层双端接地。如果非必要，避免使用长电缆。控制电缆最好使用屏蔽电缆。模拟信号的传输线应使用双屏蔽的双绞线。低压数字信号线最好使用双屏蔽的双绞线，也可以使用单屏蔽的双绞线。模拟信号和数字信号的传输电缆应该分别屏蔽和走线。不要将 24 V DC 和 115/230 V AC 信号共用同一条电缆槽。在屏蔽电缆进入电柜的位置，其外部屏蔽部分与电柜嵌板都要接到一个大的金属台面上。

（6）电机电缆应独立于其他电缆走线，其最小距离为 500 mm。同时，应避免电机电缆与其他电缆长距离平行走线。如果控制电缆和电源电缆交叉，应尽可能使它们按 90°交叉。此外，必须用合适的夹子将电机电缆和控制电缆的屏蔽层固定到安装板上。

（7）为有效地抑制电磁波的辐射和传导，变频器的电机电缆必须采用屏蔽电缆，屏蔽层的电导必须至少为每相导线芯的电导的 1/10。

（8）中央接地排组和 PE 导电排必须接到横梁上（金属到金属连接）。它们必须在电缆压盖处正对的附近位置。中央接地铜排额外还要通过另外的电缆与保护电路（接地电极）连接。接地铜排见图 5-57。屏蔽总线用于确保各个电缆的屏蔽连接可靠，它通过一个横梁实现大面积的金属到金属连接。

图 5-57　接地铜排

（9）不能将装有显示器的操作面板安装在靠近电缆和带有线圈的设备旁边，如电源电缆、接触器、继电器和螺线管阀等，因为它们可以产生很强的磁场。

（10）功率部件（变压器、驱动部件和负载功率电源等）与控制部件（继电器控制部分、可编程控制器）必须要分开安装。适用于功率部件与控制部件设计为一体的产品，变频器和相关的滤波器的金属外壳，都应该用低电阻与电柜连接，以减少电流的冲击。理想的情况是，将模块安装到一 个导电良好，黑色的金属板上，并将金属板安装到一个大的金属台面上。喷过面板，DIN 导轨或其他只有小的支撑表面的设备都不能满足这一要求。

图 5-58 所示为一个电柜的基本布局。

图 5-58　柜体布局

（11）设计控制柜体时要注意 EMC 的区域原则，把不同的设备规划在不同的区域中。每个区域对噪声的发射和抗扰度有不同的要求。区域在空间上最好用金属壳或在柜体内用接地隔板隔离，并且考虑发热量。进风风扇与出风风扇的安装，一般发热量大的设备安装在靠近出风口处。进风风扇一般安装在下部，出风风扇安装在柜体的上部。

（12）根据电柜内设备的防护等级，需要考虑电柜防尘防护（图 5-59）以及防潮功能，一般使用的设备主要为空调、风扇、热交换器、抗冷凝加热器。同时，根据柜体的大小合适地选择不同功率的设备。关于风扇的选择，主要考虑柜内正常工作温度和柜外最高环境温度，求得一个温差、风扇的换气速率，估算出柜内空气容量。已知温差、换气速率和空气容量这三个数据后，求得柜内空气更换一次的时间，然后通过温差计算求得实际需要的换气速率，从而选择实际需要的风扇。一般夜间温度下降，故会产生冷凝水，依附在柜内电路板上，所以需要选择相应的抗冷凝加热器以保持柜内温度。

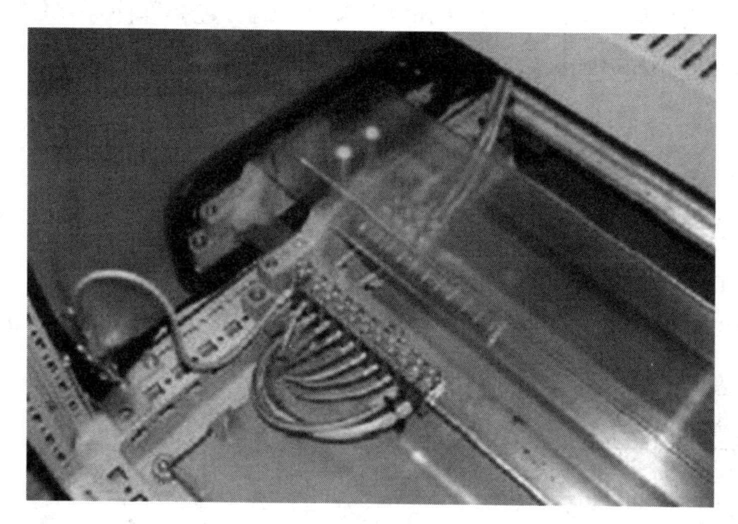

图 5-59 电板防尘防护

三、控制柜检查及继电器检测

1. 控制柜检查

（1）检查电柜周围环境，利用温度计、湿度计、记录仪检查，周围温度-10~+50℃，周围湿度 90%以下，是否冻结。

（2）检查全部装置是否有异常振动、异常声音。

（3）检查电源电压主回路电压是否正常。

（4）拆下变频器接线，将端子 R、S、T、U、V、W 一齐短路，用 DC500V 级兆欧表测量它们与接地端子间的绝缘电阻。绝缘电阻应在 5MΩ 以上，加强紧固件，观察元件是否有发热的迹象。

（5）检查端子排是否损伤，导体是否歪斜，导线外层是否破损。

（6）检查滤波电容器是否泄漏液体是否膨胀，用容量测定器测量静电容应在定额容量的85%以上；检查继电器动作时是否有“Be，Be”声音，触点是否粗糙、断裂；检查电阻器绝缘物是否有裂痕，确认是否有断线。

（7）检查变频器运行时，各相间输出电压是否平衡；进行顺序保护动作试验、显示、保护回路是否异常。

（8）检查冷却系统是否有异常振动、异常声音，连接部件是否有松脱现象。

2. 继电器接线及通断检测

继电器是一种根据某种输入信号的变化使其自身的执行机构动作的自动控制器，它具有输入电路（又称感应元件）和输出电路（又称执行元件）。当感应元件的输入量（如电流、电压、频率、温度等）变化达到某一定值时，继电器动作，执行元件便接通或断开控制电路。

继电器按其作用原理或结构特征分类，主要为电磁继电器和热继电器，见表5–5。

表5–5 继电器分类

序号	类型	名称	定义	备注
1	电磁继电器	直流电磁继电器	控制电流为直流的电磁继电器。按触点负载大小分为微功率、弱功率、中功率和大功率四种	
2		交流电磁继电器	控制电流为交流的电磁继电器。按线圈电源频率高低分50Hz和400Hz两种	
3		磁保持继电器	利用永久磁铁或具有很高剩磁特性的零件，使电磁继电器的衔铁在其线圈断电后仍能保持在线圈通电时的位置上的继电器	

续表

序号	类型	名称	定义	备注
4	固态继电器		固态继电器是一种能够像电磁继电器那样执行开、闭线路的功能，且其输入和输出的绝缘程度与电磁继电器相当的全固态器件	
5	混合式继电器		由电子元件和电磁继电器组合而成的继电器。一般，输入部分由电子线路组成，起放大、整流等作用，输出部分则采用电磁继电器	
6	高频继电器		用于切换频率大于 10 kHz 的交流线路的继电器	
7	同轴继电器		配用同轴电缆，用来切换高频、射频线路而具有最小损耗的继电器	
8	真空继电器		触点部分被密封在高真空的容器中，用来快速开、闭或转换高压、高频、射频线路用的继电器	
9	热继电器	温度继电器	当外界温度达到规定要求时而动作的继电器	
10		电热式继电器	利用控制电路内的电能转变成热能，当达到规定要求时而动作的继电器	
11	光电继电器		利用光电效应而动作的继电器	

续表

序号	类型	名称	定义	备注
12	极化继电器		由极化磁场与控制电流通过控制线圈，所产生的磁场综合作用而动作的继电器。继电器的动作方向取决于控制线圈中的电流方向	
13	时间继电器		当加上或除去输入信号时，输出部分需延时或限时到规定的时间才闭合或断开其被控线路的继电器	
14	舌簧继电器		利用密封在管内，具有触点簧片和衔铁磁路双重作用的舌簧的动作来开、闭或转换线路的继电器	

在风力发电机控制系统中，用到最多的是电磁继电器，主要为直流 24V 继电器和交流继电器。

继电器由线圈和触点组成，在电路图中，线圈以方框标示，并且使用 A1 和 A2 标记线圈两端接线端子号，见图 5-60。在继电器下方会标记出继电器触点数量及类型。

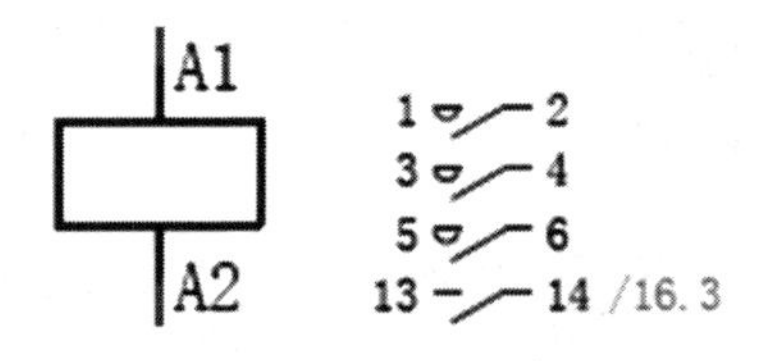

图 5-60　继电器线圈及触点

继电器检测主要测试线圈和触点正常。

（1）检测继电器线圈时，将万用表调至 R 挡，两表笔（不分正负）接继电器的两引脚。万用表指示应与该继电器的线圈电阻基本相符，如果阻值明显偏小，则说明线圈局部短路，如果阻值为零，说明两线圈引脚间短路；如阻值为无穷大，说明该线圈已断路，以上三种情况都说明该继电器已经损坏。

（2）检测继电器接点：给继电器线圈接上规定的工作电压，用万用表 R 挡检测接点的通断情况。未加上工作电压时，常开接点应不通，阻值无穷大，常闭接点应导通，阻值为 0；当加上工作电压时，应听到继电器吸合声，此时常开点应导通，常闭点应不通，转换接点应随之转换，否则说明该继电器损坏。对于多组接点继电器，如果部分接点损坏，其余接点动作正常则仍可使用。

思考题：

1. 风力机组运行时的电气和机械损耗有哪些？
2. 风力发电机组冷却方式有哪些？
3. 识图四十八字箴言是什么？
4. 简述继电器的种类。
5. 齿轮箱润滑系统中主要的电气设备有哪些？

第六章　风电机组厂内调试前准备

学习目的：

1. 识读需调试部分的电气原理图、试验接线图等。

2. 识读风电机组调试指导书。

3. 按测试要求完成测试电路的电气连接。

4. 完成测试用仪器仪表的校零。

5. 完成对风电机组电气连接的检查，并能发现和纠正错误。

6. 完成对温度、位置和振动等传感器装配位置的检查。

7. 完成对电缆铺设情况的检查，并能判断是否符合工艺规范。

8. 检查各电气元件、组件安装是否符合规范。

9. 完成对机舱、轮毂内旋转部位的防护装置安装情况的检查，并能判断是否满足工艺要求。

10. 填写安全装置质量检查记录。

第一节　调试技术文件准备

一、风力发电机组厂内调试文件要求

风力发电机组在厂内试验前，所必配技术文件包括：

（1）电气原理图。

（2）电气接线工艺。

（3）出厂调试手册。

（4）试验数据记录单。

（5）试验接线手册。

（6）试验报告单。

（7）发电机试验技术参数表。

（8）试验台使用指导书。

（9）风力发电机组电气配置清单。

（10）试验过程控制记录卡。

（11）试验安全操作规程。

以上文件必须经过公司内部编制、审核、校对、标准化和批准，并且为有效期内的最新版本。

二、控制柜、机舱柜电气识图知识

一份完成的图纸由封面、前言、图纸目录、电路图框、电路图组成。

（1）封面提供的信息主要有图纸名称、图纸编号、图纸版本、签审批、日期等。图纸封面，见图 6-1。

（I 型配变桨驱动器 I 型、III 型配变桨驱动器 II 型）

版　本：

设　计：

校　对：

审　核：

工　艺：

标准化：

批　准：

日　期：

图 6-1　图纸封面

（2）前言提供的信息主要有绘制标准、图纸适用范围、版本变化内容。

（3）图纸目录。提供了机组中各个电气设备的接线图纸名称及位置、配线要求等，见图 6-2。

1.5MW机组机舱柜I型/III型电气接线图
(I型配变桨驱动器I型、III型配变桨驱动器II型)(高海拔型)
图纸目录

序号	名称	编号	序号	名称	编号
1	主空开	GW1.5MW-NAC03-HA-101	12	机舱加速度传感器	GW1.5MW-NAC03-HA-112
2	偏航电机	GW1.5MW-NAC03-HA-102	13	过速模块	GW1.5MW-NAC03-HA-113
3	偏航电机	GW1.5MW-NAC03-HA-103	14	按钮指示灯回路	GW1.5MW-NAC03-HA-114
4	维护手柄	GW1.5MW-NAC03-HA-104	15	控制回路	GW1.5MW-NAC03-HA-115
5	偏航液压泵	GW1.5MW-NAC03-HA-105	16	测量回路	GW1.5MW-NAC03-HA-116
6	偏航液压泵	GW1.5MW-NAC03-HA-106	17	测量回路	GW1.5MW-NAC03-HA-117
7	低压配电	GW1.5MW-NAC03-HA-107	18	测量回路	GW1.5MW-NAC03-HA-118
8	24VDC电源控制电压	GW1.5MW-NAC03-HA-108	19	PLC回路	GW1.5MW-NAC03-HA-119
9	发电机速度转换器	GW1.5MW-NAC03-HA-109	20	PLC回路	GW1.5MW-NAC03-HA-120
10	发电机开关1	GW1.5MW-NAC03-HA-110	21	PLC回路	GW1.5MW-NAC03-HA-121
11	发电机开关2	GW1.5MW-NAC03-HA-111	22	安全链回路1	GW1.5MW-NAC03-HA-122
			23	安全链回路2	GW1.5MW-NAC03-HA-123

配线颜色说明
24VDC:棕色、0VDC：白色
230VAC、400VAC的L线：黑色；N线：淡蓝色

图 6-2　图纸目录

（4）电路图框。为了方便识图，在图框的横向和纵向分别用数字和字母作为经纬线，为各电气符号提供了位置信息并且提供图纸分目录及页码信息。电路图框见图 6-3。

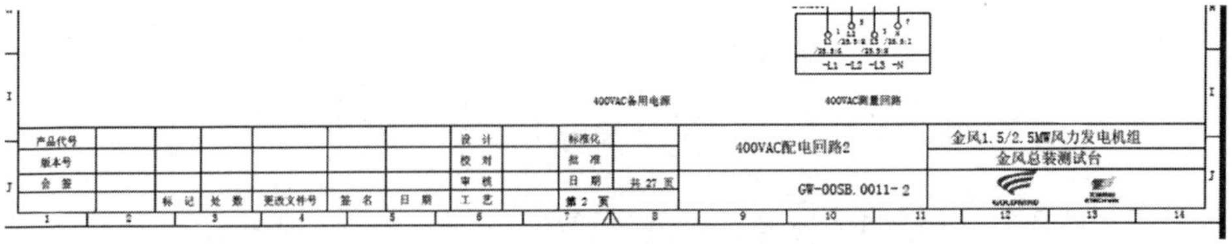

图 6-3　电路图框

（5）下面以机舱偏航电机控制主电路和偏航控制电路为例，介绍电气原理图识图。机舱偏航电机控制主电路和偏航控制电路，见图 6-4 和图 6-5。

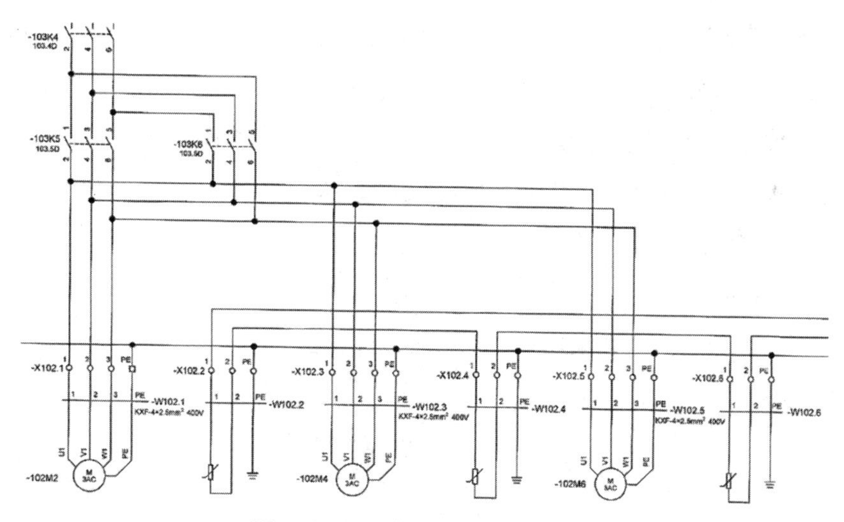

图 6-4　机舱偏航电机控制主电路

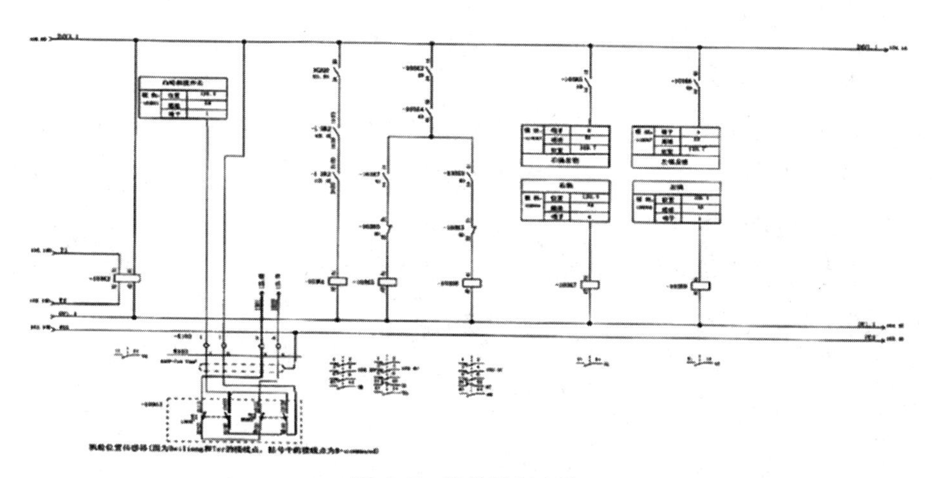

图 6-5　偏航控制电路

按照从上到下、从左至右的顺序分析电路图。

①从图 6-6 可知，此张图纸供电来自页码编号为 101 页、横向坐标为 10、纵向坐标为 A 的位置，电压等级为 400VAC，频率 50Hz。

101.10A 400V 50Hz L1

101.10A 400V 50Hz L2

101.10A 400V 50Hz L3

图 6-6　供电来源电路

②如图 6-7 所示，从供电电源引出三相电至-102Q2（马达断路器），可以得到的信息为：-102Q2 马达断路器在页码编号为 102 页，马达断路器的载流量在 16~20A 设定，此处设定值为 20。它有 4 组常开触点、3 组主触点、1 组辅助触点。辅助触点接线位置在页码编号为 103 页、横坐标为 5、纵坐标为 B 的位置。

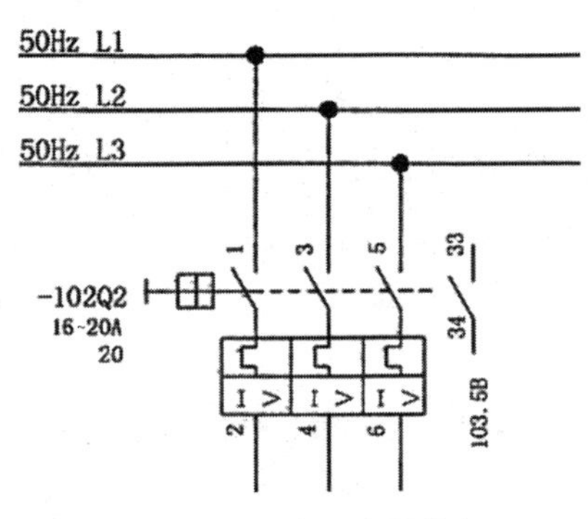

图 6-7　马达断路器信息

③如图 6-8 所示，马达断路器出线接入了 103K4 接触器的常开触点。同理可知 103K4 的电磁线圈接线在页码编号为 103 页、横坐标为 4、纵坐标为 D 的位置。同理见 103K5 和 103K6。

在此电路中，可知 103K5 和 103K6 的配线为 4 mm^2，并且 103K5 和 103K6 的输出相序进行了倒相，如此一来，即可实现电机的正反转。

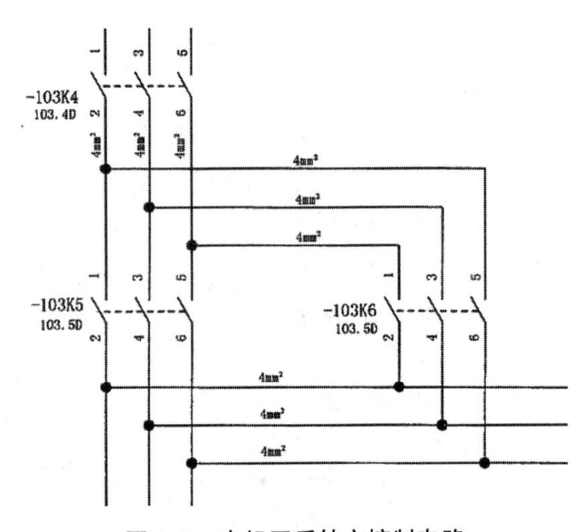

图 6-8　电机正反转主控制电路

④如图 6-9 所示，电机采用并联接线，以一个电机为例。电机标识为 102M2，单台功率为 3kW，采用三角形接法，电机的 U1、V1、W1 分别接到了端子号为 -X102.1 的 1、2、3 号端子，接地线接到 PE 端子。电缆的标识为 -W102.1，型号为 KXF-4×2.5 mm^2，电压等级为 400V。

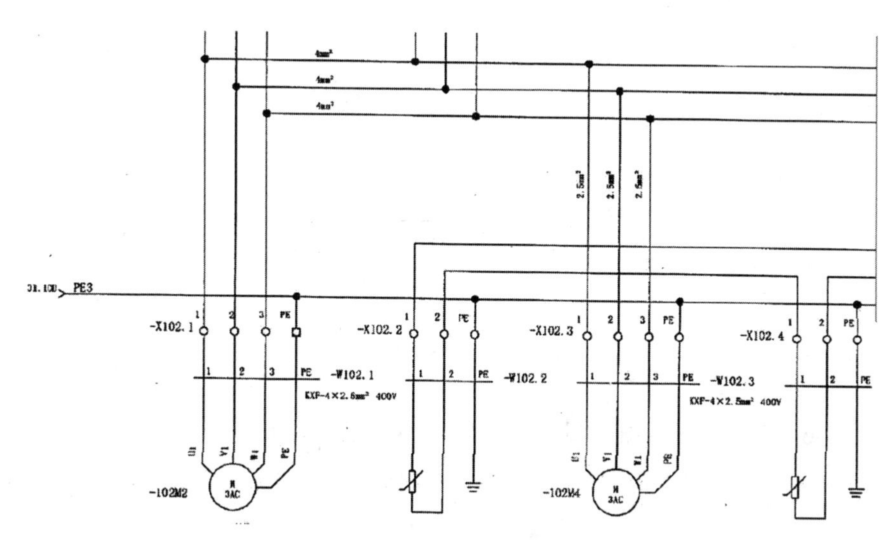

图 6-9　偏航电机接线

热敏电阻采用串联方式进行接线，以确保所有电机均为正常。

⑤当本页中供电回路要传递至下一张共用图纸时，将在本张图纸的右侧标识下一张图的位置。如图 6-10 所示，将传递至页码编号为 105 页、横坐标为 1、纵坐标为 A 的位置。

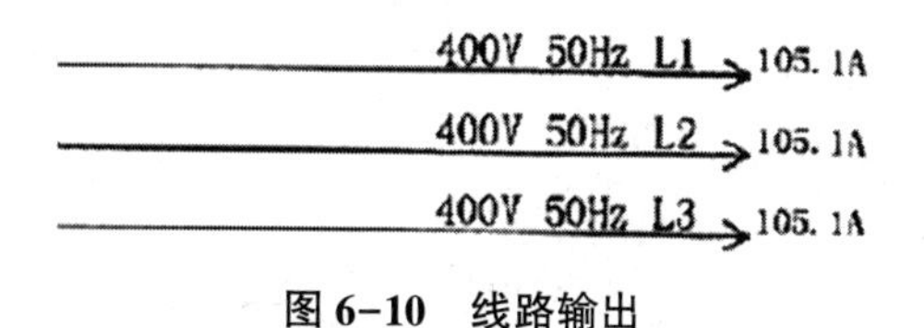

图 6-10　线路输出

⑥如图 6-11 所示，此页码编号为 103 页，所以在此页的所有继电器线圈均以 103 开头，根据其所在纵坐标位置进行数字编号，如 -103K2 即在 103 页、纵坐标为 2 的位置。103K2 的 T1 和 T2 接线来自页码编号为 102 页的横坐标为 10、纵坐标为 D 的位置，查询 102 页图纸可知，此为三个偏航电机热敏电阻串联接线

输出点。103K2 的线圈 A1 和 A2 分别接到了+24VDC 和 0V。在 103K2 线圈下端图示为继电器触点特征。从中可以了解到 103K2 为一组常开触点。

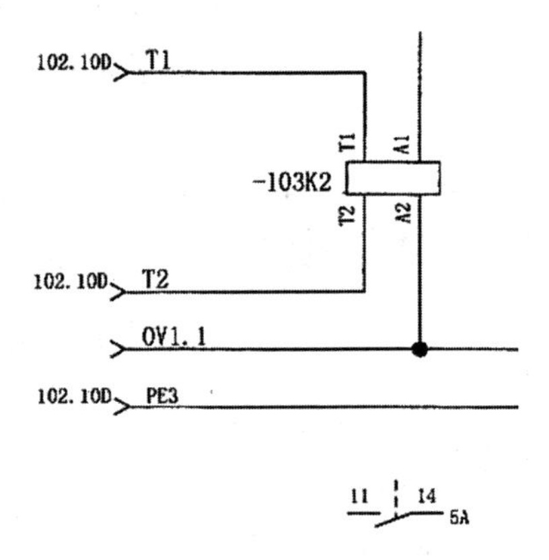

图 6-11　热敏继电器

⑦图 6-12 所示为偏航电机控制电路。当满足马达断路器 102Q2 闭合，继电器 123K2 常开触点闭合后，总继电器 103K4 线圈得电吸合。

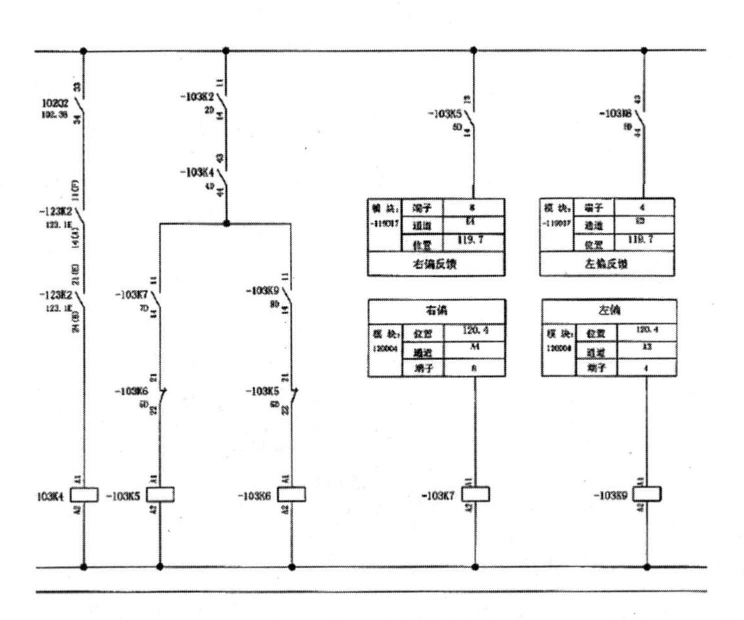

图 6-12　偏航电机控制电路

当执行右偏航时，PLC 控制模块 120DO4 的 8 号端子输出信号，继电器

103K7 吸合，并且热敏继电器 103K2 的常开触点闭合、103K4 的常开触点闭合、左偏接触器 103K6 不吸合后，接触器 103K5 线圈得电吸合，执行右偏航，并且将动作信号通过 103K5 的 13/14 号辅助触点反馈给 PLC 控制模块 119DI7 的 8 号端子。可同理分析左偏航。

在此控制电路中，左、右偏航实现了互锁控制。

第二节　调试现场准备

一、常用调试仪器、仪表

（一）万用表各挡位的使用方法

万用表为常见测试仪表，在前面的章节已对它的功能、原理和使用方法有所介绍。本章针对万用表各个挡位的使用测量做详细的介绍。

1. 电压测量

（1）直流电压的测量。首先将黑表笔插进“com”孔，红表笔插进“VΩ”孔。接着把表笔接电源或电池两端，保持接触稳定。数值可以直接从显示屏上读取，若显示为“OL”，则表明量程太小，那么就要加大量程后再测量工业电器。如果在数值左边出现“-”，则表明表笔极性与实际电源极性相反，此时红表笔接的是负极。直流电压测量，见图 6-13。

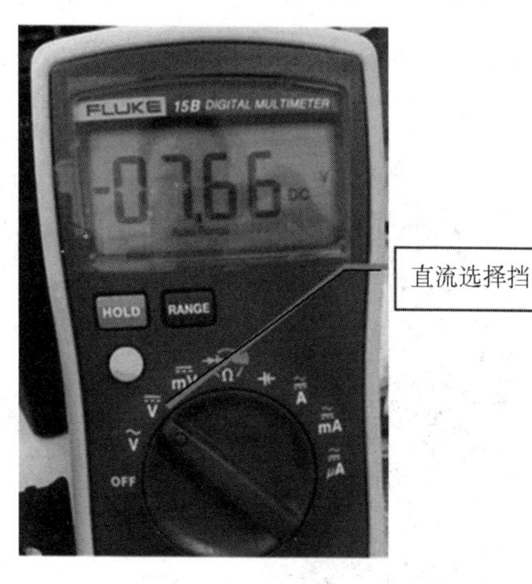

图 6-13　直流电压测量

注意事项：

“$\overline{V}$”表示直流电压挡，“$\widetilde{V}$”表示交流电压挡，“A”是电流挡。

（2）交流电压测量。表笔插孔与直流电压的测量一样，不过应该将旋钮打到交流挡“$\widetilde{V}$”处所需的量程即可。交流电压无正负之分，测量方法跟前面相同。无论测交流还是直流电压，都要注意人身安全，不要随便用手触摸表笔的金属部分。

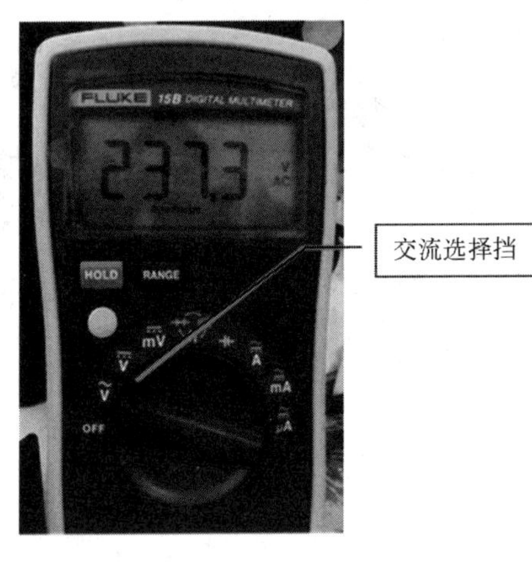

图 6-14　交流电压测量

2. 电流检测

（1）直流电流的测量，见图 6-15。先将黑表笔插入“COM”孔。若测量大于 400 mA 的电流，则要将红表笔插入“10A”插孔并将旋钮打到直流“10A”挡；若测量小于 400 mA 的电流，则将红表笔插入“400 mA”插孔，将旋钮打到直流 400 mA 以内的合适量程。调整好后，就可以测量了。将 万用表串进电路中，保持稳定，即可读数。若显示为“OL”，那么就要加大量程；如果在数值左边出现“-”，则表明电流从黑表笔流进万用表。

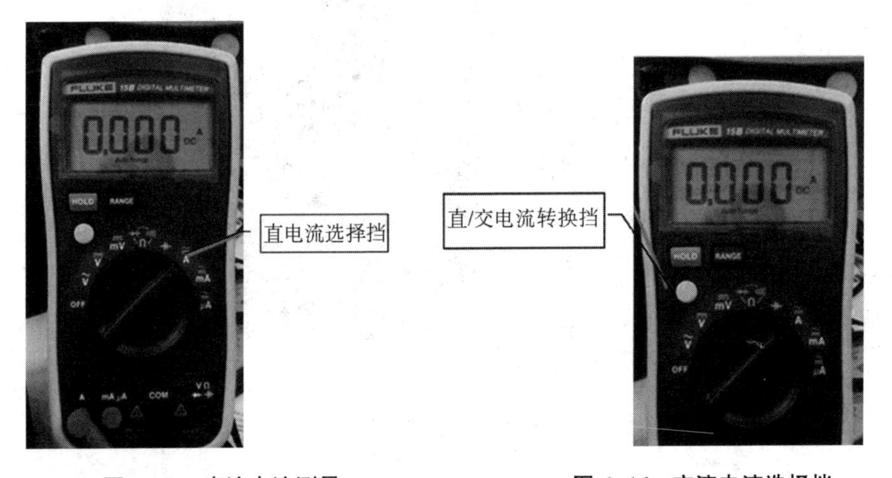

图 6-15　直流电流测量　　　　图 6-16　交流电流选择挡

（2）交流电流的测量，见图 6-16。测量方法与上述相同，不过应选择交流模式，电流测量完毕后应将红笔插回“VΩ”孔。

3. 电阻测量

将表笔插进“COM ”和“VΩ”孔中，把旋钮打旋到“Ω”中所需的量程，用表笔接在电阻两端金属部位，测量中可以用手接触电阻，但不要把手同时接触电阻两端，这样会影响测量精确度——人体是电阻很大但是是有限大的导体。读数时，要保持表笔和电阻有良好的接触；注意单位“Ω”　“kΩ”“MΩ ”。

4. 二极管检测

数字万用表测量发光二极管、整流二极管测量时，表笔位置与电压测量一样；用红表笔接二极管的正极，黑表笔接负极，这时会显示二极管 OL。再次对调表笔会显示一个数值 0.470 普通硅整流管（1N4000、1N5400 系列等），发光二极管为 1.8～2.3V。再次调换表笔，显示屏显示“OL”则为正常。因为二极管的反向电阻很大，否则此管已被击穿或性能已经改变。二极管检测，见图 6-17。

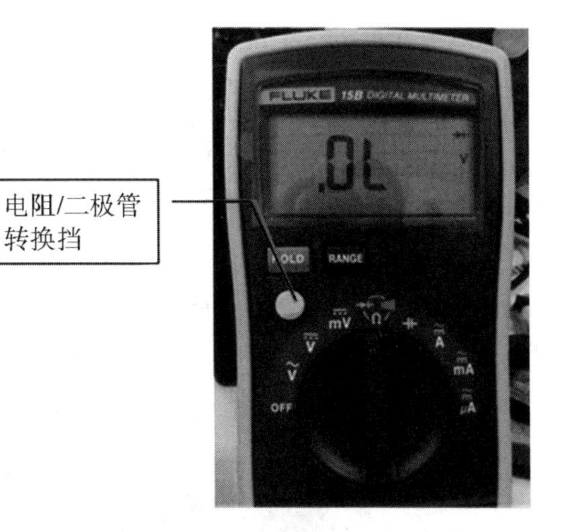

图 6-17　二极管检测

5. 三极管检测

表笔插位和原理同二极管。先假定 A 脚为基极，用黑表笔与该脚相接，红表笔与其他两脚分别接触；若两次读数均为 0.7 V 左右，然后再用红笔接 A 脚、黑笔接触其他两脚，若均显示“1”，则 A 脚为基极，否则需要重新测量，且此管为 PNP 管。

（二）相序表

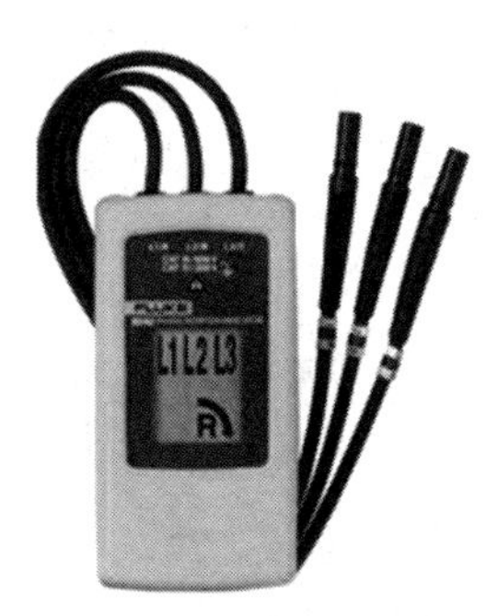

图 6-18 相序表

作为常用测量相序仪表，见图 6-18，之前的章节已详细介绍，这里不再赘述。

（三）数字钳形表

数字钳形表，图 6-19，作为接地电阻测试仪里的一种，前面的章节对它的基本原理、维护保养都有具体的介绍。这里主要介绍数字钳形表在测试中具体的操作步骤和注意事项。

数字钳形表的注意事项有以下几点。

（1）将转换开关置于除 OFF 挡外的任一挡位置，即在开机状态检查电池电压，如果电池电压不足，将显示在显示器上，此时，则应更换电池。

（2）将功能开关放置于所需量程上。

（3）测量 36V 以上交流时，为保证安全，手指不能越过挡手部分。

（4）进行电流测量前确保已将测试线从仪器上取下。

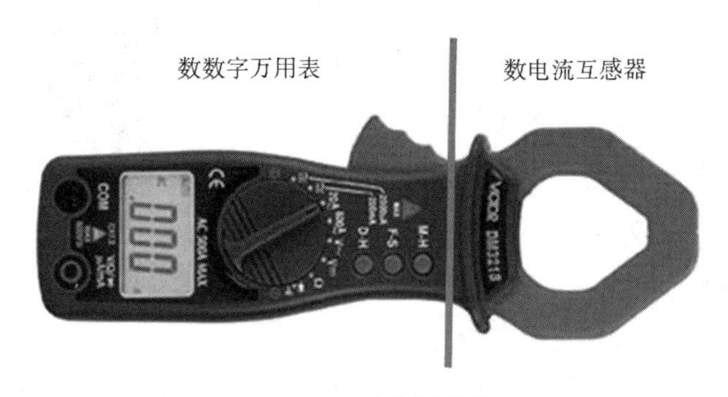

图 6-19 数字钳形表

数字钳形表的操作步骤如下所示。

（1）将量程开关转到适当位置，在不知负荷电流情况下应将量程切换开关放在最大挡。

（2）按下钳口板，打开钳口并将其钳在所测导线上（图 6-20）。

（3）进行电流测量时，务必保持钳口完全闭合，否则将不能保证测量精度。

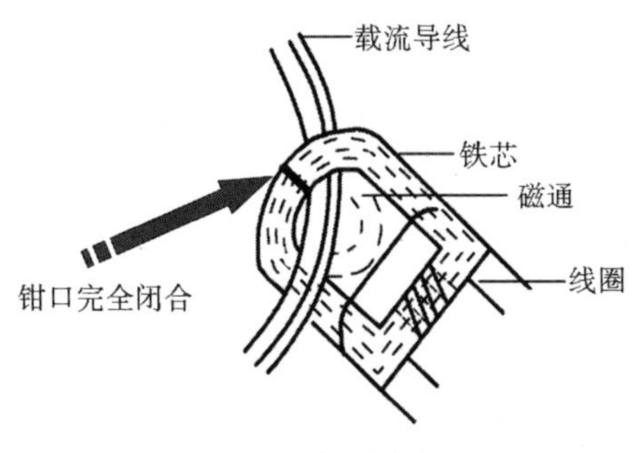

图 6-20　钳形表钳口

（4）测量火线或接地线时，只要钳在一根导线上（图 6-21）。为了更精确地测量，应尽量使被测导线位于闭合钳口的中央。

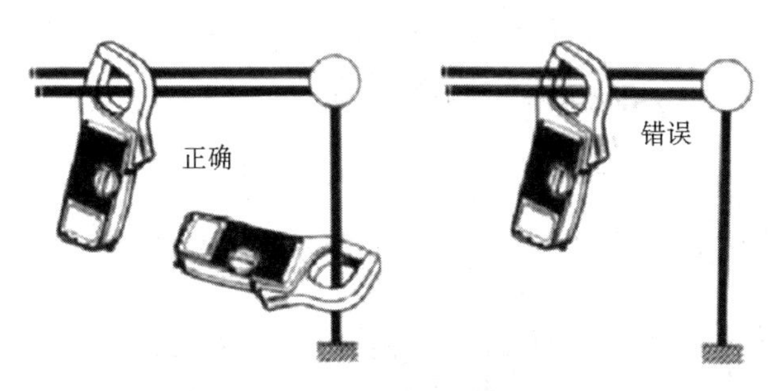

图 6-21　电压测量

（5）待显示器数据稳定下来后，读取测量数据。

（6）测量泄漏电流时，除了接地线外应钳在所有导线上。如果被测电路泄漏电流太小，在钳口允许的情况下可将被测载流导线在钳口部分的铁芯上缠绕几圈再测量，然后将读数除以穿入钳口内导线的匝数即为实际泄漏电流值，见图 6-22。

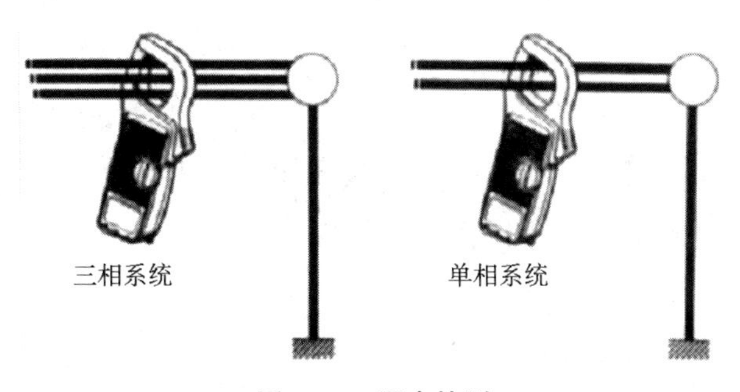

图 6-22　漏电检测

注意事项：

（1）在电压高于交流 1000 V 回路中测量，会造成电击事故或仪器损坏。

（2）进行电流测量前，取下仪器上所有测试线，避免触及带电导体。

（3）应尽量避开强磁场，以避免强磁场影响测量数据的准确性。

（4）钳口不能完全闭合时，不要强制将其闭合，可打开钳口后重试。若钳口端粘有异物时应立即清除。

（5）在任何量程上都必须保证所测电流不要超过此量程的最大容许电流值。

（6）测量大电流时，钳口可能会发出蜂鸣声，这不是故障，不会影响测量精度。

（7）测量过程中不要带负荷切换量程开关。

（8）测量完成后，应将选择开关置于 OFF 挡，防止电池放电或下次使用时不慎而烧表。

（四）绝缘测试仪

绝缘电阻测试是测试和检验电气设备的绝缘性能比较常规的手段，所适用的设备包括马达、变压器、开关装置、控制装置和其他电气装置中绕组、电缆，以及所有的绝缘材料。工作原理与前几章介绍的兆欧表相同，本节主要简述工作中常用的数字绝缘电阻测试仪的使用方法。

绝缘测试仪是主要通过接地中性点对直流系统、单相和三相低压系统的绝缘状态进行检测的一种设备。

以常用的福禄克 1508 绝缘电阻测试仪（见图 6-23）为例，介绍绝缘测试仪的使用方法。

操作步骤：

（1）将测试探头插入 V 和 COM（公共）输入端子。

（2）将旋转开关转至所需要的测试电压。

（3）将探头与待测电路连接。

（4）按住 T 测试按钮开始测试。

（5）继续将探头留在测试点上，然后释放测试 T 按钮。被测电路即开始通过测试仪放电。主显示位置显示电阻读数，直到开始新的测试或者选择了不同功能或量程，或者检测到了 30 V 以上的电压。

图 6-23　福禄克 1508 绝缘电阻测试仪

（五）耐压测试仪

耐压测试仪，见图 6-24，根据其作用可称为电气绝缘强度试验仪、介质强度测试仪等。其工作原理是：把一个高于正常工作的电压加在被测设备的绝缘体上，持续一段规定的时间，加在上面的电压只产生很小的漏电流，则绝缘性较好。

图 6-24　耐压测试仪

耐压测试仪操作前须做如下准备。

（1）检查地线端接地是否处于良好状态。

（2）操作人员使用前应戴绝缘手套，脚下垫好绝缘皮垫。

（3）插上 220 V 电源插头，将“高压调节”度盘逆时针方向旋转回零，按下电源开关。

耐压测试仪的操作步骤为：

（1）将高压表笔（红色）输出端悬空放好。

（2）先按下“启动”按钮，按下“漏电流预置”开关，选择漏电流量程，记录漏电流的值。

（3）将定时开关打开，将时间设定为测试要求时间。

（4）旋转“高压调节”度盘，设定测试电压值为测试要求电压。

（5）开始测试前将红、黑表笔接触点检治具（点检治具为 600 Ω 的电阻），当仪器发出报警时，则表明仪器正常。

（6）当仪器不能正常报警时，操作员应立即停用且报告给主管，主管应立即给予处理，生产线换用已经校验之耐压测试仪，且不能正常报警之耐压测试仪应做送修处理（修理后需经法定计量方可重新使用），并追溯已检验之产品。

（7）在第（5）步完成后，按下“复位”按钮，在确定电压指示为“0”、测试灯熄灭的情况下，将高压表笔夹（红色）和低压表笔夹（黑色）分别接到被测电器 LN 端和金属外壳上，若有声光报警则认为被测试品不合格。

（8）按下“启动”按钮，测试灯亮。按规定的时间测试高压，若无声光报警则认为高压测试合格，若有声光报警则认为被测试品不合格。

（9）重复第（7）步，第（8）步动作，直至所有测试完毕。

（10）使用完毕后，放好两表笔，逆时针方向旋转“高压调节”度盘到零位，关闭电源开关。

（六）直流电阻测试仪

直流电阻测试仪又称直流电阻测量仪、直流电阻仪、变压器直流电阻测试仪、直流电阻检测仪、直流数字电桥等，是取代直流单、双臂电桥的高精度换代产品。直流电阻快速测试仪采用了先进的开关电源技术，由点阵式液晶显示测量结果。克服了其他同类产品 LED 显示值在阳光下不便读数的缺点，同时具备了自动消弧功能。

下面以常用的 TH2512 型直流电阻测试仪（见图 6-25）为例，介绍直流电阻测试仪使用方法。

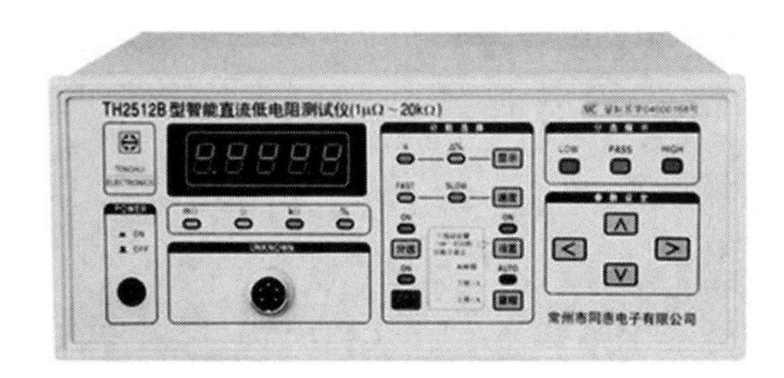

图 6-25　TH2512 型直流电阻测试仪

直流电阻测试仪的操作步骤：

（1）开机前预热。

（2）清零。在使用 20 mΩ 和 200 mΩ 量程时，首先需要进行清零后再测试，其他量程则不需要清零。

（3）当测试太高或太低的电阻时，测试结果可能会出现跳变，此时需要使用屏蔽功能。将屏蔽端夹在被测件金属板上。

识别仪器所处的测试量程。TH2512 共有九个量程，从 20 mΩ 量程到 2 MΩ 量程，每 10 倍跳挡。在测试时需用 [<] 和 [>] 或者量程 AUTO 选择测试量程。

（4）将 2 个线缆夹头分别夹在被测件电缆两端，进行测试并记录数据。

（七）功率分析仪

功率分析仪主要用来测量发电机、变频器、变压器等功率转换装置的功率、效率等参量。

以常用的 NORMA4000 功率分析仪（见图 6-26）为例，介绍功率分析仪的使用方法。

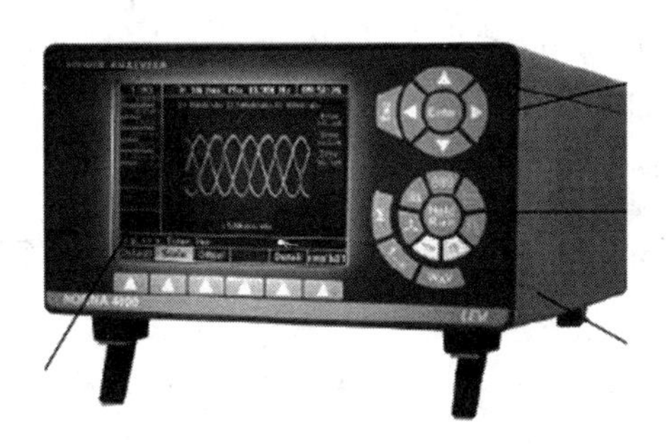

图 6-26　NORMA4000 功率分析仪

功率分析仪的操作步骤为：

（1）将 NORMA4000 功率分析仪放置在稳固、安全的地方，并接好接地保护电缆。

（2）将 3 根插 HI 的红色鳄鱼夹分别接到发电机的 U、V、W 相，黑色鳄鱼夹接在发电机中性线。接线如图 6-27 所示。

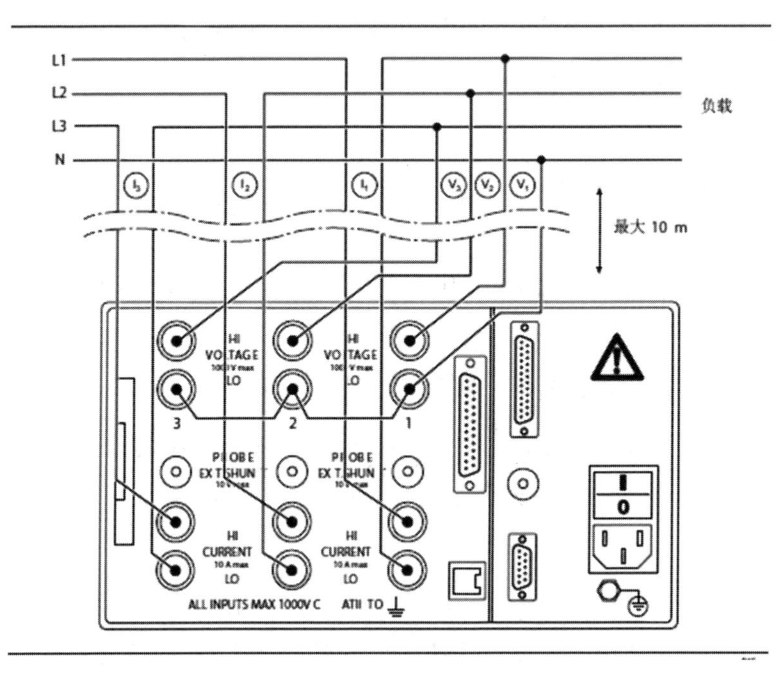

图 6-27　直接三相测量的接线方法

（3）将数据线分别接到 NORMA4000 功率分析仪数据输出接口和计算机的相应数据接口。

（4）将 NORMA4000 功率分析仪电源插在电源插座上，拨动开机开关。

（5）选择测试项目，主要测试项目为电压有效值、电流有效值、有效功率、视在功率、频率等，如图 6-28 所示。

（6）使用 NORMA4000 功率分析仪配套计算机软件对数据进行监测、记录存储和分析。

（7）使用完毕后，先关闭计算机，再关闭 NORMA4000 功率分析仪电压，取下鳄鱼电缆夹并整理。

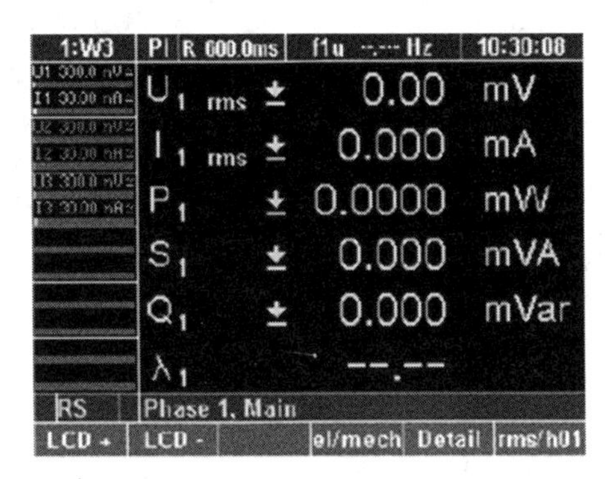

图 6-28　测试项目显示界面

二、调试现场安全防护工作要求

（一）基本要求

（1）从事电气作业员工必须具有电工资格证书。

（2）员工必须遵守公司和总装厂各项规章制度。

（3）一切从事电气工作的人员必须遵守本规程。凡违反本规程而造成事故者，要根据情节轻重，分别给予批评教育、行政处分、经济制裁等，直至追究法律责任。

（4）所有从事电气设备安装、运行、试验、维护检修等工作的人员必须身体健康。凡有视觉（双目视力校正后在 0.8 以下、色盲）、听觉障碍，高血压、低血压、心脏病、癔症、癫痫症、神经官能症、精神分裂症、严重口吃者不能从事电气工作。

（5）员工作业前必须按要求穿戴与岗位相适应的工作服、劳保鞋和安全帽等劳动防护用品。

（二）试验基本要求

（1）员工作业前必须按要求穿戴与岗位相适应的工作服、劳保鞋和安全帽等劳动防护用品，携带相关检测电压仪器。

（2）非作业员工不得擅自进入试验区域。

（3）试验区域内避免进行交叉作业。

（4）试验区域要保证部件在运动中不会触碰到周边物体，且应用围栏将试验区域进行隔离，并在醒目位置摆放“正在试验，请勿进入”等标识。

（5）车间内噪声超过 90 dB，影响到试验人员的正常沟通时，不得进行试验。

（6）移动试验设备时要避免颠簸，以保护试验设备内部器件及接线不受破坏。

（三）试验管理

（1）各种电气试验工作至少应有两人同时进行，并明确试验负责人。试验负责人就是试验工作的安全监护人。试验负责人在整个试验过程中应不断地监护试验区的安全情况，及时纠正一切违反规程的操作和行为，对不服从命令者有权令其退出试验区。

（2）试验工作人员必须遵守各项安全操作规程与有关制度，必须随时回复试验负责人的命令，并按命令操作。发现危及人身、设备、试品安全现象时，应立即断开电源并报告试验负责人。

（3）试验区域内的安全防护装置、试验设备、仪器仪表、电器线路严禁任意更动，确因工作需要必须变动时，须经主管领导批准，做出明显标志后通告全体试验人员。但任何变动必须以不妨碍试验工作的安全为前提。

（4）试验区域只准做试验使用，不得安排其他作业。试验区域内严禁堆放易燃、易爆物品和有害气体。不得堆放有碍试验人员观察试验区的其他物品。

（5）一切试验工作必须在规定的试验区内进行，不准跨场或接装临时线路试验。

（6）试验线路应避开安全通道，必须通过时地面导线应设护层，架空导线应挂警告牌，试验结束后必须立即拆除。

（7）非试验工作人员严禁进入试验区。经批准进入试验区的人员，必须遵守各项安全制度，服从试验人员的指挥，在指定的安全区内活动，禁止随意走动和做有碍试验工作正常进行的活动。

（四）电气试验安全要领

（1）试验负责人必须在每次试验前向相关试验人员讲授试验方案、工作内容、人员分工和安全注意事项。

（2）试验前，试验负责人（安全监护人）要认真检查全部安全防护设施，试验设备、仪器仪表、试验连线、试验接地线是否正确，所有试验人员是否按分工要求进入岗位。

（3）在确认全部人员已退到安全区后，试验负责人即可发出准备通电的命令，待得到试验人员逐个回复“可以通电”的复令后，试验负责人方可下达“通电”的命令。

（4）从试验负责人宣布试验开始到试验结束，所有命令和复令都必须由试验负责人发出，试验人员服从试验负责人的命令。

（5）试验结束或需改变试验接线时，必须由试验负责人下令“断开电源”，并指令专人对产品进行放电、验电、挂接地线后才能宣布“电源已断开”，再指令操作人或其他人员拆除或改接试验接线。

（6）大型电气产品试验（包括试验台试验），在试验负责人和主操作人不易观察到试品的各部位时，应由试验负责人指派专人位于危险区外进行监护。

（7）严禁带电检查试验线路和改变接线。试验时未验明确认试件、试验线路等未带电前应一律视为带电，严禁用手触摸。

（8）试验前，首先检查安全联锁、限位、保护控制、信号等二次回路，才能做主回路的通电试验。

（9）电机试验时应在围栏内进行，严禁一切人员进入围栏内。

（五）机舱安全试验细则

1. 线路检查

（1）按照电路接线图纸对线路进行检查，检查前确保柜体内所有空气开关、刀熔开关、继电器、断路器都处于断开或者“OFF”状态。

（2）参考试验手册文件机舱线路检查项目表中所列各项，对各器件进行检测。

(3) 检测接地线及电气元件整定值，保证在漏电时，电流不伤及人员。

2. 系统上电

(1) 上电之前，按照调试手册将联调试验台与机舱进行连接，完成相关设置。

(2) 将机舱柜内所有空气开关、刀熔开关、断路器（除-101F4）闭合，关上柜门。试验负责人检查相关安全设施及线路后，下达“上电”指令，方可将总电源闭合上电，闭合总电源前需对总电源的电压进行检测，保证电压值正常。

(3) 检测机舱进线电压正确后，将机舱柜总开关-101S2 闭合，打开柜门，观察器件无冒烟、无异味。

(4) 按照调试手册中接线端子对应表中相关电压等级，检测对应端子电压值与表中规定是否一致。

3. 安全链试验

(1) 在做变桨安全链短接试验时，必须断开 24 V DC 电源方可进行短接，否则有烧毁器件的危险。

(2) 与安全相关的器件电压基本为 24 V DC，不会对人体造成伤害，但需注意不要出现短路情况，否则有烧毁器件的危险。

4. 传感器及功能模块测试

(1) 柜体加热器的测试一定要注意在加热过程中，不要将手直接与加热器表面接触，以免烫伤。用手隔空感受到温度后即可将加热器关闭。

(2) 发电机转速模拟测试时需要严密注意母排上三根电缆一定要和母排接触良好，电缆段压环形线鼻子 RT-10，用 M10 螺母将环形线鼻子固定在母排上，防止电缆掉落或者闪接。

(3) 提升机试验时一定要注意在做限位试验时，防止手指被链条或者限位挤压。

(4) 机舱照明试验时一定先检测-X107.5 的电压必须为 230 V AC，避免电压过高，致使照明灯、整流器因电压过高爆裂。

5．液压站试验

（1）严格按照试验手册中液压站阀体整定表对相关阀体进行整定，严格检查管路连接。

（2）在建压过程中要严密观察油路是否有漏油点，一旦发现，立即停止建压，将压力泄为0。

6．偏航试验

（1）偏航前需严格检查试验区域内安全情况，严格检查偏航电机的接线是否一致、电源电压是否达到额定电压要求。

（2）偏航前无关人员一定远离试验区域，在旋转范围内不得堆放其他有碍于试验的物料或设备。

（3）偏航前一定检查液压站和偏航闸的压力是否为0，确保压力为0，否则不得偏航。否则将会使偏航刹车盘安装螺栓“剪断”。

（4）启动偏航电机之前，操作人员负责相关启动操作，试验负责人在机舱控制柜前，随时准备发生异常情况时关闭机舱柜总开关。

（5）偏航过程中，试验负责人需要密切关注试验区域内的安全情况及机组运行情况，如发现危险或者异常情况，应立即下达停止偏航的指令。

（6）偏航过程中，试验负责人和试验操作人员一定要密切关注偏航电机的运行方向，若发现偏航电机运行方向不一致或者有电机不运作或运作困难时要立即停止偏航，检查接线，尤其是抱闸线圈接线。

（六）发电机安全试验细则

1．实验前发电机检查

（1）试验进行之前必须戴好安全帽和手套。防止进出发电机和在检查发电机时磕碰到头部。

（2）待发电机放置于试验区域后，用安全警戒带或者围栏将发电机围护起来，警戒线或者围栏与发电机的距离保持在1 m以上，试验负责人将非实验人员远离试验发电机。对发电机机械状态进行全面检查，确认装配完成，达到试验状态。

（3）检查发电机与试验台车连接，要求发电机与试验台车四个方向必须有螺栓连接，且每个方向至少有两根以上螺栓，螺栓紧固。

（4）检查发电机锁定销处于非锁定状态，即锁定销顶端端面低于铜套端面，保证锁定销和刹车盘不接触。

（5）检查发电机上部及加强环，确保发电机上没有其他如刀片、胶带、扳手和大布等杂物。

（6）检查发电机定子围板与转子之间的间隙，确保围板与转子之间无任何接触。

（7）检查发电机出线电缆，确认发电机出线电缆无破损，无铜丝裸露。

2. 发电机检测

（1）直流电阻检测。直流电阻应在发电机套装之前进行检测，检测时同一套绕组所有电缆都不能接地或者与另外一套绕组电缆接触，不同相之间的出线也不能接触，这样会影响到直流电阻测量值的准确度。

（2）绝缘电阻检测。在做绝缘试验时，不参与试验的绕组必须与机壳或者铁芯做电气连接，机壳接地。做绝缘测试时，绝缘测试仪选用 1000 V 挡，试验人员必须戴手套，身体任何部位不能接触试验绕组，测试完毕后需要对测试绕组进行放电。

（3）匝间测试试验。匝间测试试验时要求冲击电压是 4200 V，冲击次数 5 次。在做试验时，不参与试验的绕组必须与机壳或者铁芯做电气连接，机壳接地，试验人员身体任何部位不能接触试验绕组，测试完毕后需要对测试绕组进行放电。

（4）绕组耐压试验。耐压试验时比较危险的试验，要求试验人员必须戴手套，试验负责人时时观察周围安全情况，随时下达“停止试验”指令。试验时必须注意以下事项：

①被测绕组的引出电缆线头不能接触机壳或者接地，应采取悬空或者增加绝缘保护等措施。

②两套绕组的引出线必须分开。

③不被测试的绕组应与机壳或者铁芯接触良好，机壳接地。

④为了保证安全，试验台车应可靠接地。

⑤接线时必须确保工频耐压仪的输出“+”极接入绕组，输出“-”接到定子铁芯或者机壳。工频耐压仪上电钱，试验负责人必须再次确认接线正确、被测绕组电缆没有接地、不被测绕组电缆可靠接地、工频耐压仪输出电缆无破损或者铜丝裸露、发电机周围安全。

⑥操作工频耐压仪试验人员必须佩戴手套操作，以防工频耐压仪漏电。

⑦每套绕组试验完成后，必须先关闭工频耐压仪电源，对被测绕组放电后方可拆除接线。

（七）空载试验前安全细则

（1）发电机空载试验的流程如图 6-29 所示。

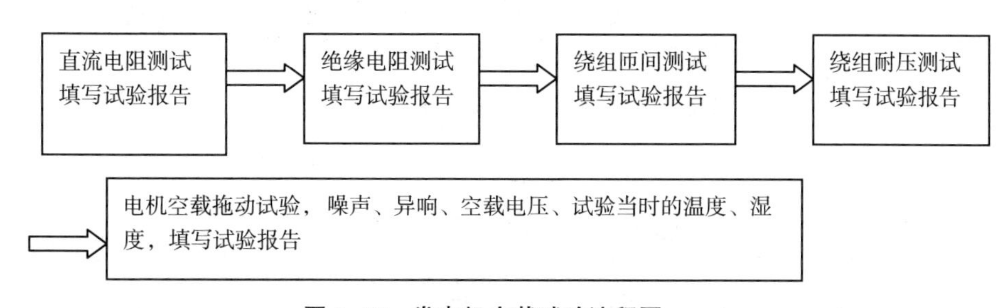

图 6-29　发电机空载试验流程图

（2）空载试验前应该检查发电机叶轮锁定闸与发电机刹车端环的间隙，使用 1 mm 塞尺可以轻松塞入间隙。

（3）在将变频拖动柜出线与发电机绕组接线之前，必须将“禁止合闸”警示牌置于电控柜醒目位置。

（4）必须确保变频拖动柜出线相序与发电机相序相同，不得接反或者短接同一相序，中性线做好绝缘。

（5）必须确保被测试绕组与 NORMA4000 测试仪相对应的通道连接正确，被测绕组的出线电缆绝对不能接地，测试仪所用的测试电缆必须绝缘良好，无损坏。

（6）达到空载试验状态的发电机如图 6-30 所示。

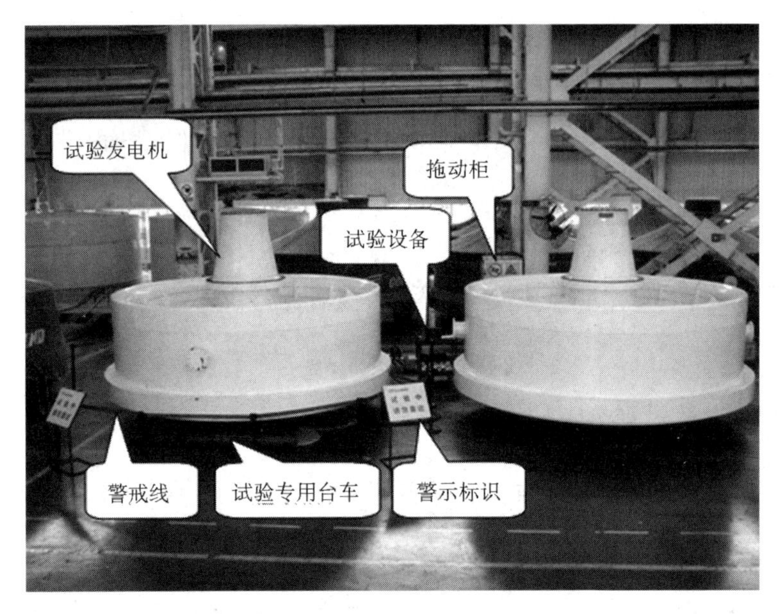

图 6-30　某型直驱发电机进入空载试验状态

(八) 空载拖动试验安全细则

(1) 在按动启动按钮前，试验负责人再次确认试验区内的安全状态，确认后启动。

(2) 若启动时发电机反转或 8s 内没有启动迹象则按动停止按钮，停止发电机运行，等待 1min 后再次进行。

(3) 停止发电机的运行正确的操作是按停止按钮，不可用断开输出端接触器或输入端接触器的方式执行，保证变频拖动柜散热系统不中断工作，即不能断开给控制柜的供电电源。

(4) 变更发电机试验接线时，为确保安全，断开输出接触器即可，不应断开变频器输入电源，以确保变频器散热功能继续工作。

(5) 发电机启动，旋转后，试验负责人必须严密监视周围安全情况，不允许任何人员进入发电机底部。车辆及非试验人员须远离试验区域，试验人员必须在警戒带或围栏外观测发电机状态。

（6）若发现发电机出现异常情况，如异响、转子上下跳动、发电机冒烟等情况时，应立即停止试验，并查明原因。

（7）发电机未完全停止时，禁止进入发电机底部进行作业。

（8）试验完毕，更换或者拆除电缆时，必须对电缆进行放电。

（九）叶轮安全试验操作细则

试验前检查事项及设置细则如下所示。

（1）首先确认叶轮已经达到试验状态，即机械装配已经完成、电气接线已经完成。

（2）确认叶轮可以进入试验状态后，用警戒带或者围栏将所试验叶轮围护起来，警戒带或者围栏距变桨盘距离至少为 1m，摆放“试验中，禁止靠近”警示牌及在电源处悬挂“禁止操作”警示牌。

（3）试验负责人再次对试验叶轮进行安全检查，确保轮毂上无工具、大布、酒精瓶等落在上面，停止一切在试验叶轮上的作业，限位开关和接近开关位置应该远离变桨盘，以防止在变桨时将其撞坏。

（4）打开变桨控制柜，检查柜体器件及接线。要求器件完好，接线牢靠，无虚接或裸露的线头。

（5）变桨控制柜主空开 Q1 处于“OFF”状态，变桨模式选择开关处于“M”手动状态或者“Service”状态，对于 SSB 和变桨驱动器 II 型变桨控制柜还须将电容开关关闭。

第三节 变桨试验过程

（1）变桨试验过程顺序，如图 6-31 所示。

（2）上电前应该关闭柜门，然后按照调试手册依次给三套柜子上电，且每套柜子上电间隔至少 3 min。若在上电过程中发现柜体内异响或者有异味、冒烟等情况时，应立即关断控制柜主开关 Q1。

（3）柜体上电时，不要开启试验控制平台电源，这样有可能导致在柜体上电过程中，变桨盘异常动作。

（4）待柜体上电完成后，即可按照调试手册中试验项目进行试验。

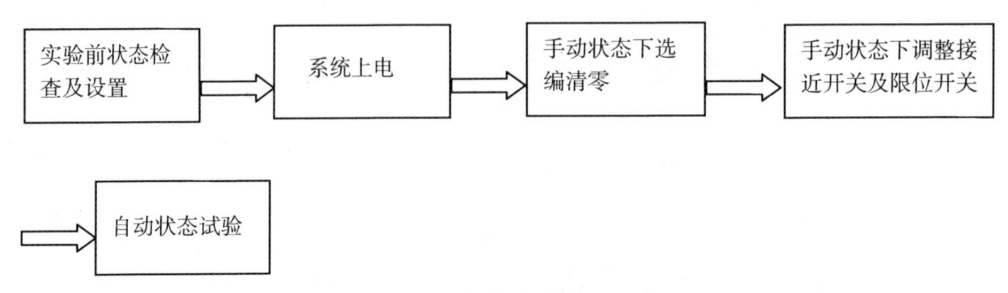

图 6-31　变桨试验过程顺序

①旋转编码器清零试验时，一定要注意短接线接触端子良好，不能有虚接触，否则旋转编码器将被烧毁。

②试验人员在轮毂上方调整接近开关和限位开关时，一定要戴好安全帽，注意脚底不能踏空，脚和手必须远离旋转的变桨盘。地面操作人员在需要调整某一变桨盘时，必须大声与轮毂上试验人员沟通，确认轮毂上试验人员处于安全位置后，方可对柜体进行操作。

③在轮毂上操作的试验人员处于高空作业状态，所以必须倍加小心，尤其脚下不能踏空，身体任何部位都不要接触旋转变桨盘，作业工具放置在安全位置，防止工具及零部件从轮毂掉落，伤及地面工作人员或者设备。

④在变桨盘旋转时，任何人都不得靠近变桨盘左右两端，在强制手动变桨时，防止变桨盘左右两端不能触地，触地造成的后果可能将齿形带拉断或者轮毂倾倒。

⑤自动变桨时，试验负责人必须要求所有人员必须远离变桨盘，在轮毂上方的工作人员也必须下到地面安全区域。变桨盘在做往复运动时，任何人不得以任何理由靠近或者进入轮毂。试验负责人有权制止或者停止试验的进行。

⑥在自动变桨状态下，当任何一个控制柜或者主控试验台出现故障，变桨系统都将以最大变桨速度进行顺桨，在顺桨完成前，任何人不得靠近变桨盘。

⑦在调整齿形带跑偏的过程中，试验电气人员负责操作主控试验台，其他人员不得进行任何操作，调整齿形带工作人员在变桨盘旋转时不得站在轮毂上观察齿形带，否则试验电气人员有权停止试验。在确认轮毂上无任何人员、工具及其

他杂物后，试验电气操作人员方可启动自动变桨，调整齿形带工作人员站在观察梯上查看齿形带跑偏情况。如果发现齿形带需要调整，则电气操作人员必须停止自动变桨功能，将主控关闭或者中断通信。待变桨系统自动顺桨完毕后，调整齿形带跑偏人员方可到轮毂上调整齿形带。

（5）变桨系统紧急状态下处理方法有以下几种。

①立即将相应控制柜主开关关闭，此时变桨盘将停止动作。但关闭外部电源是无用的，在外部电源关闭时，控制柜内的超级电容会继续提供电源，变桨盘继续动作。

②触发试验面板中“试验停止”功能，变桨盘将停止动作。

③触发试验面板中“试验急停”功能，变桨系统将以 7°/s 的速度向 87°方向顺桨。

④在自动变桨状态下，关闭任何一个控制柜电源或者将试验设备电源关闭，变桨系统都将以 7°/s 的速度向 87°方向顺桨。

⑤在轮毂上方发现有异常或突发情况时，可以立即触发相应限位开关，这样也可以使对应变桨盘停止动作。

⑥在轮毂上方发现特紧急情况时，可以将变桨电机侧的哈丁连接器拔掉，使变桨电机制动。变桨电机制动力矩往往要大于变桨电机工作扭矩。

第四节　电气装配质量检查

一、电缆线路安装排布要求

1. 电缆排布前检查

（1）电缆型号、电压、规格及长度等符合设计要求和图纸要求。

（2）电缆外观检查无损伤。

（3）绝缘良好，绝缘电阻大于 1 MΩ。

（4）电缆导管符合设计规定，管道畅通，管内无积水和杂物。

（5）电缆端头密封密实，油纸绝缘电力电缆无渗油，交联聚乙烯电缆防潮封端可靠、严密。

2. 电缆排布

（1）电缆弯曲半径符合《电气装置安装工程 电缆线路施工及验收规范》GB 50168 规定，大于 10*D*（*D* 为电缆直径）。

（2）对于在支架上排布的交流单芯电力电缆，应布置在同侧支架上。对于在钢管内敷设交流单芯电力电缆，三相电缆共穿一管。

（3）电缆标志牌应装置在电缆终端两端及接头处，包括电缆线路设计编号、型号、规格及起讫地点；字迹清晰，不易脱落，固定牢靠，规格统一。

（4）电缆固定要牢靠，固定夹具要符合设计要求。对于交流单芯电缆夹具应无铁件构成的闭合磁路；对于铁制电缆紧固件，需要进行镀锌处理。

（5）电缆排布符合风力发电机组电气安装布线工艺要求和电气检验技术文件要求。

（6）电缆排列整齐，少交叉，电缆弯度一致。

（7）芯线绝缘层外观检查完好，无损伤，屏蔽电缆的屏蔽接地。

3. 电缆制作

（1）电缆制作前需要确认电缆位置、规格型号和绝缘检查。

（2）接地电缆符合《电气装置安装工程 电缆线路施工及验收规范》GB 50168 规定，接地线应固定牢固。

（3）单芯电缆金属层至少一端接地，并且金属层需要用热缩套进行防护。

（4）电缆芯线外观检查时无破损，芯线绝缘包扎长度符合工艺要求。

（5）电缆线鼻子使用与线芯相符，铜线鼻子镀锡并且表面光滑、干净。压模规格和压制深度符合工艺要求。

（6）相色正确，固定牢固，接触面积足够，导通良好。

二、常用屏蔽电缆材质及要求

在电场、磁场和温度场中，存在着各种寄生耦合干扰，导致信号发生偏差或系统不能正常工作。通常采用的方式就是进行屏蔽。

所谓屏蔽就是采用技术手段（如用导电或者导磁的材料制成的金属屏蔽

网），把电磁干扰源控制在一定的空间范围内，使骚扰源从屏蔽体的一面耦合或当其辐射到另一面时受到抑制或衰减。

电磁屏蔽分为主动屏蔽和被动屏蔽。

主动屏蔽是把干扰源置于屏蔽体之内，防止电磁能量和干扰信号泄漏到外部空间。

被动屏蔽是把敏感设备置于屏蔽体内，使其不受外部干扰的影响。

电线电缆常用的屏蔽结构结构有编织屏蔽、绕包屏蔽和疏绕屏蔽。

铜编织带用于电气装置、开关电器、电炉及蓄电池等的软连接线。它由单根细铜丝编织而成。编织线采用优质圆铜线（0.10、0.15、0.20）或镀锡软圆铜线（0.10、0.15）以多股（24、36、48）经单层或多层编织成。

铜编织线的直流电阻率（20℃）不大于 0.022 $\Omega \cdot mm^2/m$，锡铜编织镀线的直流电阻率（20℃）不大于 0.0234 $\Omega \cdot mm^2/m$。

绕包屏蔽是在电缆外防护层内，采用金属薄片将电缆进行缠绕防护。

第五节　安全装置质量检查

接地电阻是电流由接地装置流入大地再经大地流向另一接地体或向远处扩散所遇到的电阻。接地电阻值体现电气装置与“地”接触的良好程度和反映接地网的规模。

很多用电设备使用的电源线都是三芯的，实际上使用一般市电的用电设备只要有零线和火线两根就可以正常工作了。多出来的这根线就是地线，也就是说这些用电设备必须要接地。

接地技术的引入最初是为了防止电力或电子等设备遭雷击而采取的保护性措施，目的是把雷电产生的雷击电流通过避雷针引入到大地，从而起到保护建筑物的作用。同时，接地也是保护人身安全的一种有效手段，当某种原因引起的相线（如电线绝缘不良、线路老化等）和设备外壳碰触时，设备的外壳就会有危险电压产生，由此生成的电流就会经保护地线到大地，从而起到人身安全保护作用。

接地电阻就是用来衡量接地状态是否良好的一个重要参数，是电流由接地装置流入大地再经大地流向另一接地体或向远处扩散所遇到的电阻，它包括接地线和接地体本身的电阻、接地体与大地的电阻之间的接触电阻，以及两接地体之间大地的电阻或接地体到无限远处的大地电阻。接地电阻大小直接体现了电气装置与“地”接触的良好程度，也反映了接地网的规模。接地电阻的概念只适用于小型接地网。随着接地网占地面积的加大以及土壤电阻率的降低，接地阻抗中感性分量的作用越来越大，大型地网应采用接地阻抗设计。

对于高压和超高压变电所来说，应当用“接地阻抗”的概念取代“接地电阻”，同时建议规程采用接触电压和跨步电压作为安全判据。此外，还应选用轻便、准确的异频测量系统获得接地阻抗的正确结果，以保障人身、设备的安全，利于电力系统的安全运行。

接地电阻的测量方法可分为电压电流表法、比率计法和电桥法。按具体测量仪器及布极数可分为手摇式地阻表法、钳形地阻表法、电压电流表法、三极法和四极法。

在测接地电阻时，以下因素可能会造成接地电阻不准确。

(1) 地网周边土壤构成不一致，地质不一，紧密、干湿程度不一样，具有分散性，地表面杂散电流，特别是架空地线、地下水管和电缆外皮等，对测试影响特别大。解决的方法是取不同的点进行测量，取平均值。

(2) 测试线方向不对，距离不够长。解决的方法是找准测试方向和距离。

(3) 辅助接地极电阻过大。解决的方法是在地桩处泼水或使用降阻剂降低电流极的接地电阻。

(4) 测试夹与接地测量点接触电阻过大。解决的方法是将接触点用锉刀或砂纸磨光，用测试线夹子充分夹好磨光触点。

(5) 干扰影响。解决的方法是调整放线方向，尽量避开干扰大的方向，使仪表读数减少跳动。

(6) 电池电量不足。解决的方法是更换电池。

(7) 仪表精确度下降。解决的方法是重新校准为零。

接地电阻的测试值的准确性，是判断接地是否良好的重要因素之一。测试值一旦不准确，既会浪费人力物力（测值偏大），又会给接地设备带来安全隐患

（测值偏小）。

安全装置检查主要检查各控制柜及电气设备接地是否到位、牢靠，试验设备是否具有接地保护等。

检测接地是否完好，可以通过接地电阻测试判定。下面就介绍一下接地电阻检测的方法。

1. 接地电阻测试要求

（1）交流工作接地，接地电阻不应大于 4 Ω。

（2）安全工作接地，接地电阻不应大于 4 Ω。

（3）直流工作接地，接地电阻应按计算机系统具体要求确定。

（4）防雷保护地的接地电阻不应大于 10 Ω。

2. 接地电阻测试仪

下面以 ZC-8 型接地电阻测试仪为例，介绍如何检测接地电阻。

ZC-8 型接地电阻测试仪适用于测量各种电力系统、电气设备和避雷针等接地装置的电阻值，还可测量低电阻导体的电阻值和土壤电阻率。

它由手摇发电机、电流互感器、滑线电阻及检流计等组成，全部机构装在塑料壳内，外有皮壳便于携带。附件有辅助探棒导线等，装于附件袋内。

3. 测试前仪表使用检查

（1）被测对象接地完好。

（2）ZC-8 型接地电阻测试仪一台并检查测试仪是否完整。

（3）辅助接地棒二根。

（4）导线 5 m、20 m 和 40 m 各一根。

4. 使用和操作

仪表上的 E 端钮接 5 m 导线，P 端钮接 20 m 线，C 端钮接 40 m 线，导线的另一端分别接被测物接地极 E′、电位探棒 P′和电流探棒 C′，且 E′、P′、C′应保持直线，其间距为 20 m。

（1）当测量大于等于 1 Ω 接地电阻时，接线图如图 6-32 所示，将仪表上 2 个 E 端钮连接在一起。

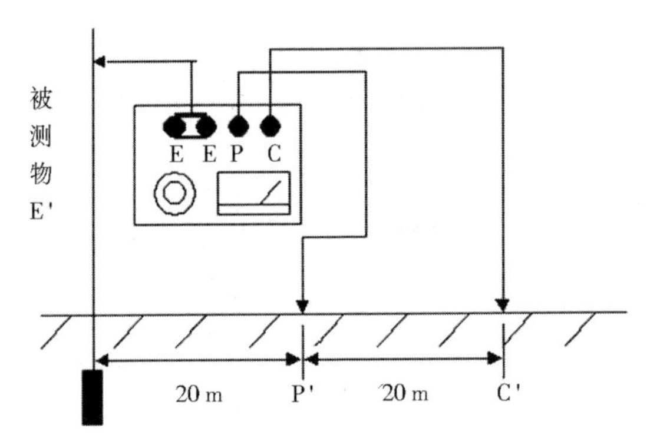

图 6-32　大于等于 1 Ω 接地电阻测试接线图

（2）测量小于 1 Ω 接地电阻时，接线图如图 6-33 所示。

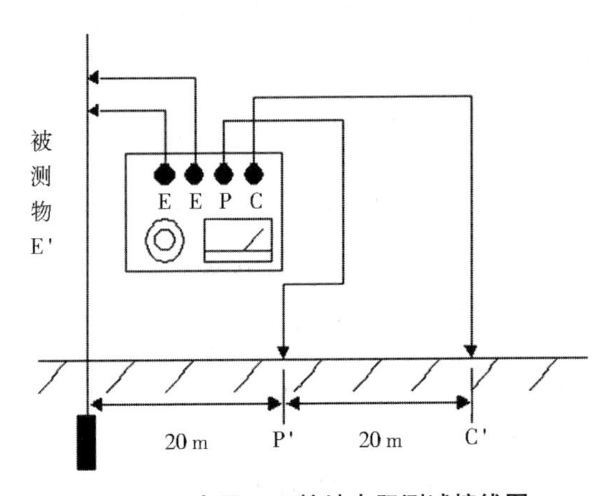

图 6-33　小于 1 Ω 接地电阻测试接线图

将仪表上两个 E 端钮导线分别连接到被测接地体上，以消除测量时连接导线电阻对测量结果引入的附加误差。

接地电阻测试仪的操作步骤如下所示：

（1）仪表端所有接线应正确无误。

（2）仪表连线与接地极 E′、电位探棒 P′和电流探棒 C′应牢固接触。

（3）仪表放置水平后，调整检流计的机械零位，归零。

（4）将“倍率开关”置于最大倍率，逐渐加快摇柄转速，使其达到 150 r/min。当检流计指针向某一方向偏转时，旋动刻度盘，使检流计指针恢复到“0”点。此时刻度盘上读数乘上倍率挡即为被测电阻值。

（5）如果刻度盘读数小于1时，检流计指针仍未取得平衡，可将倍率开关置于小一挡的倍率，直至调节到完全平衡为止。

（6）如果发现仪表检流计指针有抖动现象，可变化摇柄转速，以消除抖动现象。

5. 注意事项

（1）禁止在有雷电或被测物带电时进行测量。

（2）仪表携带、使用时须小心轻放，避免剧烈震动。

思考题：

1. 怎样检测二极管？
2. 简述万用表的使用方法。
3. 简述发电机试验的流程？
4. 一份完成的图纸由什么组成？
5. 简述绝缘电阻检测方法。

参考文献

［1］刘光源. 电工布线手册［M］. 北京：电子工业出版社，2013

［2］丁荣军，黄济荣. 现代变流技术与电气传动［M］. 北京：科学出版社，2009.